生活美學家的
100 個色彩秘訣

手 帳

加藤幸枝 著

朱顯正、賴庭筠、陳幼雯 譯

色彩の手帳 ── 建築・都市の色を考える 100 のヒント

　　這本書是寫給所有曾經覺得「我不擅長用色」、「用色真的很難」、「配色其實是看個人喜好吧」、「我沒有選色美感」的人。

　　我長年協助行政機關、民間企業與各地居民作色彩規畫，二十八年的實務經歷，讓我在思考各地景觀的恆久性時發現：「即使我以設計師的身分，明確而嚴格的決定一時的設計，也沒有多大的意義與效果。」我經常擔任大大小小案件的色彩、材料設計統籌，會徹底的考慮、選擇、並指定走向。

　　於此同時在那些場合一起工作的各方人士經常提出疑惑：「應該如何選色呢？」我認為單靠我一個人是無法徹底解決這些問題，因此決定透過本書與各位分享「選色提示」或說「選色技巧」。希望能有越來越多人以「色彩計畫師」的身分有效使用這些提示與技巧，並持續運用於社會上。

　　恩師吉田慎悟是日本首位色彩計畫師。他遠赴海外學習方法與理論，於一九七五年開創「環境色彩計畫」這個全新領域。一九六〇年代，吉田在武藏野美術大學度過他的學生時代。當時日本處於高度經濟成長期，高汙染的工廠與高樓林立，使環境產生巨大變化。他在

法國巴黎調色師尚 - 菲利普・朗科羅（Jean-Philippe Lenclos）先生的工作室做研究，一九七五年學成歸國後為廣島大學設計校園。他藉在法國習得的「色彩地理學」，收集大學附近的泥土與民家的磚瓦色彩，以「地區調色盤」的手法進行設計。

我們認為「每個地區都有代表當地的色彩」，因此設計時必須先遵循那個地區的環境與其發展脈絡。另一方面，無論是以驚人速度持續變化的都市地區，或是變化相對緩慢但仍無法逃離被開發命運的市郊、山間地區，環境都會以五年、十年為單位出現巨大變化。說實話，要梳理當地的代表色彩並非易事。

對於大家苦於尋找「考慮、選擇、決定色彩的明確標準」的狀況，我認為自己的實戰經驗或許可以派上用場。我希望透過本書提供一些秘訣，讓讀者「自己」找到解決這種現代課題的「最佳解方」，包括「用哪些顏色比較好」、「怎麼樣組合最適合」等，我一時半刻也無法明確回答。不過本書網羅了各種觀點與思維，以及某些環境才適用的特有手法，希望各位能樂於閱讀本書，並從中獲得答案。畢竟本書列了一百項秘訣，我想至少會有二、三 個秘訣幫得上忙吧。

此外，本書分成三個部分、九個主題，無論從哪裡開始都可以輕鬆閱讀。一以貫之是以「色彩與色彩間的相互影響」為主題，每篇都是一個觀點，讀者可以自行編輯它們的關聯。

　　閱讀本書，並非一頁頁的看完就大功告成。我假設各位會在某些情況下取出本書並翻開某頁，思考對色彩的看法與選擇──閱讀本書就是如此自由、有趣。那麼就請各位開始親自欣賞並體驗色彩吧！

　　在實際觀察、驗證並執行後，各位一定會發現色彩不單是與個人的喜好或感覺有關，同時是如此多元、恆變，讓人永不厭倦。

　　　　　　　　　　　　　　　　　加藤幸枝

• 本書使用曼塞爾色彩系統[*]紀錄的色票測量色彩，但因為色票是用印刷重現色彩的緣故，與實際色彩會有些許落差。因此色票請僅供參考使用。

• 有關色彩的標示是以曼塞爾色彩系統為準。比方說標示色相（色彩的外相）黃紅系寫為字母 YR（YellowRed）系（各色記載為：紅＝ R、黃＝ Y、綠＝ G、藍＝ B、紫＝ P）。其他記法與分類詳情請合併參考 V「基本色的構造」的解說。（見秘訣 53）

_____

[*] 曼塞爾色彩系統：美國藝術家阿爾伯特・曼塞爾（Albert H. Munsell）透過明度（value）、色相（hue）及彩度（chroma）三個維度來描述色彩的方法。

目次

Part 1

了解色彩／思考色彩的 50 個秘訣

在這個相當於導論的 I 之中，是以大家常見的問題所組成的章節。

有時候我們會碰到類似的問題與意見，比方不經意間否定色彩所扮演的角色，或是不管怎樣只想使用搶眼的色彩就好。再來就是色彩究竟要用什麼方法控制它？

請好好的觀看這些秘訣，可以用這些視角來觀察我們的環境製作色彩計畫。

I

思考環境色彩設計的方法

只
要
有
了
這
個

Jakarta, INDONESIA, 2012

我時常被問到這樣的問題:「考慮配色和選擇指定色時,當作標準的色票要用哪本好呢?」

色票有許多種類,收錄的顏色越多越能幫助我們、豐富我們的想像力和創造力。越專業的色票價格越高,同時收錄的顏色越多也代表越笨重,體積太大而不便攜帶。

我推薦日本塗料工業會所發行的「塗料用標準色票本(口袋版)」。只要有了這個,不管是從事土木建築設計的色彩調查,或是在研討和指定色彩時都很夠用,我養成了隨身攜帶的習慣,不管到了哪裡,都會像圖中那樣拿出來測量顏色。到國外調查時,也時常讓人覺得「這個人在做什麼呢?」而引來行人異樣的眼光。

了解色彩／思考色彩的50個秘訣

色彩的量尺

日本塗料工業會的塗料用標準色票本有大型的版本，其中每一種顏色都可以切成十二小片的樣本使用，在指定色彩與色彩管理上有很大的幫助。

使用色票有兩個主要目的，一個是為了選定與指定顏色。另一個是可以作為「色彩的量尺」，進行調查與確認。雖然不用市售的色票也可以選定和指定色彩，但調查時就會需要一個有明確「刻度」的「量尺」，因此以表色法＊為基礎的色票最為適合。如果可能，可以根據目的選用各種不同色票。選擇市售建材時，每種產品的廠商多半會提供各自的色票，因此從考慮、選擇到指定的過程中，一本色票可以在很多層面上扮演不同角色。

不管是為了調查、考慮方向，或選擇指定色彩和塗裝色彩，還是選擇已經上好色的產品，先為自己找出一個明確目的十分重要。塗料用標準色票本每兩年會新增一次並刪除舊色，看看近幾年的修改內容，可以發現他們計畫加入更多高明度與低彩度的色彩組合。

之前在印尼工作時，當地的色票裡有著各種鮮豔的色彩讓我非常的驚訝。日本的色票一般是為了製作與管理，所以記載了像曼塞爾色彩系統的數值或色號等資料。印尼的塗裝色票上則會看到許多以動物或自然現象命名的顏色，從色票的設計中反映了當地的風土民情。

＊表色法：指依據某種色彩理論，將色彩作系統化的組織，如色彩的知覺、色彩的感覺或是色票、色樣等。

Oshino Village, Yamanashi Prefecture, 2012

要從色樣當中選擇顏色，還是隨意挑選顏色就好？作為顧問常會在各種場面中碰到窘迫的選色狀況。需要使用的顏色必須在現場做決定，這才是通往答案的捷徑。

不管是需要調和色彩，還是需要搶眼色彩的場合，要做到什麼程度，都需要以四周色彩的關聯性來考慮與決定。是要與對象物與周圍一切事物之間的「色彩距離」相近較佳呢？還是拉開差異來得更好？必須要把顏色之間的「適當距離」整理清楚，並謹記於心。

這張照片的拍攝，是討論山梨縣忍野村整修中的散步道扶手，和行政與施工人員們一起比較色樣與四周的環境，以左邊的兩個顏色作為候補色，縮小選擇範圍。

好好的「觀察」周遭環境並思考

　　「確認建築計畫後，初次的建地勘查，獨自前往尤佳。」我一直記得建築師內藤廣先生在演講會中講過這句話。他不希望和其他人一起去勘查建地時，自己的感受與想法被他人影響。我也認同這樣的想法，獨自前往可以觀察和思考環境中的各種事物。說是「觀察」也可以說是「診察」，就跟醫生診察患者的狀況類似。有些具體的症狀可以一目瞭然，如果看起來健康不做詳細檢查，就不會知道是不是有肉眼看不見的原因造成微小的症狀。

　　現代社會因 IT 產業發達，可以看到世界各地的地形與街道樣貌。雖然對初期來說，從圖像獲得資訊十分足夠，但某些必須透過氣味來感受季節、聲音等等所謂「當地氣氛」的體會，還是要透過實際走訪，才能靠自身感受與解讀。

　　近年，跟公共事業景觀建造相關的工作變多了。即便只是要決定步道扶手的顏色，也需經過國家或縣市直屬管理擔任者、設計和施工人員等許多人一一經手，不論開會和前往實地勘查，超過十名以上相關人士出席也相當常見。

　　公共設施的色彩會經由許多相關人士討論和決定，不同單位的負責人一起進行實地勘查，以色票或色樣在現場進行討論，我認為這個過程十分有意義。

首先，試著尊重此時此刻

Fujiyoshida City, Yamanashi Prefecture, 2016

上圖為山梨縣富士吉田市的街道樣貌，戰後住商混用的看板建築＊大量興建林立於此。由建築外觀推測，以石灰漿潤飾建築外觀是當時的主流，因此外牆整修時加以塗裝、覆蓋隔板或貼飾磁磚是常見的手法。

整修牆面的顏色選用，有兩種主要方式，一種是仰賴起初建設時的色系潤飾，另一種則在生活的日漸變遷中，轉移成明亮的基本色，這樣的建築也成為一種地區特徵。

我與富士吉田市的淵源，來自過往擔任一些住宅與店舖改建的顧問，因此「此時此刻」的街景會讓我特別留意。盡量避免選擇極端的暗色與過於搶眼的色彩成為主軸，提供這樣的想法給業主建言與指導。

＊ 看板建築：建築物立面用不燃性材料（石灰漿、銅板……等等）蓋成西式建築設計，這些在建築外觀施加的裝飾獨具特色，因此被稱為看板建築。

從實地勘察中解讀

　　不管什麼工作，最基本、首要該做的，就是實地勘察。我們試著環繞建地四周，或從稍遠處眺望。這樣持續執行一陣子，就能慢慢感受到當地的「氣氛」，如若利用歷史脈絡或土地利用變遷，去掌握該地區所帶有的色彩特徵，這種方式也不會錯。

　　考慮色彩時，有個特別重要的部分需要注意──「我眼前所看到的現況是什麼樣子呢？」思考如何以更透徹的方式分析理解。

　　在整體計畫中有兩點需要實際測量：一是建地背面與隔壁之間有什麼顏色，以及有多大規模的色塊存在？還有要彙整基本色的色相與明暗度；二是調查材料與建材的紋理、質感，和周邊環境的互動關係與單色所占有的比例面積，這十分重要。色彩的比例要符合人類尺度，即便周圍有一樣的顏色或沉穩的顏色，但面積過大，在某些狀況反而會感受到被過度強調的壓迫感。

　　我認為建築設計中實地勘察不可欠缺，過往和建築師朋友在街上漫步，我們兩人對街景所著重的著眼點完全不同，這個發現讓我非常驚訝。如果是注重工法或形狀，以及平衡與外型的建築師，會發出「為什麼這個會在這呢？」的疑問，並尋求必然性與合理性，或去解讀思考設計師的獨特詮釋。

　　建築師和色彩計畫師著眼點相似的地方是──「這裡是以怎樣的程序做成的呢？」重點會放在找出各種要素的組合與方式。

秩序與多樣性

Firenze, ITALY, 2010

下圖為在義大利佛羅倫斯採集的外牆塗裝碎片，在這群色彩中可以分析出以下資訊：

- 色相略廣，以帶有溫暖感覺的暖色系為主。

- 明度以中明度色（明度 6 左右）為主，高明度色為強調小面積的局部使用。

- 彩度以低彩度為主，色調稍稍感受到帶暖色系的中彩度色（彩度 6 左右）。

一個地區會有在地的秩序與法則

　　日本在二〇〇四年制定景觀法的時候，都市計畫師或建築師們的反應其實各有不同。特別是各個自治區訂定了色彩相關的具體數值標準，因此收到了許多「規定即是妨害自由創作與創造」的意見。

　　最常聽到的意見像是「街道就是要多樣性」、「市區之類區域的色彩，已經沒辦法控制了」、「就算在色彩方面下工夫也無法讓市容變得更美麗」……等等。我不禁想，居然有那麼多人對色彩感興趣，並且還對法律管制色彩這點提出反對意見。

　　當然，我自己覺得要有多樣性這點理所當然，市容統一成一種色彩會感覺枯燥且索然無味，根據規模與用途，「相應的色彩」也應有不同。但根據日本與國外多年來的調查成果，可以發現事實上在那些環境累積的「市容色彩」，是以某種秩序存在。

　　規則才能成就創造性與多樣性。用足球打個比方，有規定球場的大小、每隊十一名足球員、不可使用手、每半場四十五分鐘等等，就是因為有這種與運動相應的規則，才能讓選手們個個盡力發揮。但是這種秩序（規則）也一定得訂清楚，不然就會變成「偶爾這樣、大約那樣」的雜亂無章。

　　當然隨著時間推移、演變與國際化的腳步，這些規則也可能會修改，能讓更多人盡情自由的發揮。

資訊→脈絡→意義

Wuhan City, Hubei Province, CHINA, 2014

色彩帶有許許多多的資訊。

我們處在某個脈絡，以適當、正確的方式賦予其定位，並解讀其中的意義。

照片是我在中國湖北省武漢市進行實地勘查時拍的，巧遇武漢大學進行畢業典禮，我與一群穿著鮮豔色彩外套的學生們擦身而過。回頭來看這張照片，發現他們的服裝顏色可以連結到屋頂上所使用的屋瓦。爾後我聽當地人說，這種釉料的屋瓦是武漢大學的象徵，其他建築物是不會使用的。

為什麼會是這樣的顏色呢？從小地方觀察，能反映出世界生動鮮明的脈絡。

了解色彩／思考色彩的50個秘訣

解讀能做為決定性依據的脈絡，賦予其定位

當我們討論建築設計要如何處理「可能做為決定性依據的脈絡」時，似乎可以感受到這個主題在漫長的歷史中有著重要的意義。可以從氣候、風土民情，或社會學、文化人類學等各種層面去討論，說明建築的由來與所在地的關係、解讀脈絡，隨著不同建築師的作法認識當地的空間與環境。

思考「脈絡解讀」時，設計師要把「受脈絡影響」這個念頭放進去。脈絡會反映設計之間存在不同意義的「連結程度」，而依據脈絡做出的設計能營造出某種情境氛圍，是評價設計的重要依據。

顏色本身多少都帶有一些印象，從印象分化出來的意義種類繁多，有時是了解脈絡的線索，有時反而會成為阻礙，當我們花時間把環境中的事物及色彩的訊息連結在一起，了解觀察物的結構、本質，我的情緒被深刻打動。

如果沒人告訴我武漢市那種具有特殊顏色的屋瓦是大學象徵色，一定不會讓我留下如此深刻的印象。

因為有這樣的經驗，我學到在脈絡中把顏色帶有的資訊給予「適合」定位，為記憶留下風景非常重要。解讀脈絡與探討定位都有個別的作法，比方資訊定位連結程度，或營造出能感受時間、空間的環境。

06

色彩所擔任的角色

Kosyu City, Yamanashi Prefecture, 2016

圖為五月某天，山梨縣甲州市的一座葡萄園所遇見的景色。

頭頂上四處攀爬拉伸的葡萄藤影子映在地上，就像是為路面畫上花紋。

就算沒有顏色或紋路，也依然讓人感受到這裡的環境十分有魅力。

色彩往往以「不要讓它看來很空」或「希望能強調它」之類的理由，
而追求更多樣的色彩。這或許也非壞事，但是大家可以思考，經由色
彩可以帶來何種效果？

了解色彩／思考色彩的50個秘訣

色彩如何改變環境、型態與設計的視覺效果

　　我在藝術大學求學的過程做了許多習作，作業中我們需要大量實作，體驗色彩的現象性。

　　色彩的交互作用會不斷改變色彩本身的視覺效果，而我要仔細觀察並檢驗這個改變的過程（狀態）。我現在依然覺得，對於不擅長從無到有創造出平面、立體作品的我來說，那是相當寶貴的一段時光。在眾多練習中，最吸引我的就是配色帶來的「效果」。我發現配色的重點不在於色彩本身的美，舉例來說當我知道「低明度色的視覺距離較高明度色遙遠」這個效果（見秘訣58），我是不是可以假設，我能以色彩的明度差異呈現凹凸不平的效果，加強距離感？反之亦然，當我知道「高明度色的視覺距離較低明度色逼近」，我可以假設在想強調的地方使用高明度色，就會有強調的效果了？配色的時候，只要改變其中一方的條件，就會自動影響到另一方的視覺效果，因此我必須時時檢驗我的假設是否成立。這種交互作用的複雜性就是讓選色如此困難的一個原因，對於在練習作業中親身體會到各種效果的我來說，只要掌握「配色就是顏色彼此的交互作用」的觀念，剩下的就只有應用上的問題了。

　　我時常在想，選色需要做的是否就是推估這種交互作用所造成多大或小的效果。在判斷用或不用色時，有一個思考線索：色彩（配色）會對環境、型態、設計塑造什麼樣的形象？又會帶來什麼樣的視覺和心理效果？有了這個線索，就可以找出各式各樣可能的選項了。

Before

After

Yamanakako Villlage, Yamanashi Prefecture, 2012 ／ 2017

如上圖所示，在設計新建築或室外廣告時，選擇什麼樣的顏色比較好？我推測各家廣告業主都希望能夠傳達或強調某些資訊，所以就做得比其他廣告更加搶眼。但這種狀況究竟能夠傳達出多大的效果？我想應該很多人都覺得不容易。

因此我認為要先冷靜、徹底觀察周圍廣告顏色所帶來的效果與影響。

期待引發觀者注意力的時刻，搶眼不一定有用；試著嘗試低調，一同製造出舒適的地域空間。

了解色彩／思考色彩的50個秘訣

26

色彩對「它看起來如何」特別重要

在與色彩打交道的工作中，常對用色感到遲疑。即便創造出一個與周遭環境爭豔的場景有其魅力，但也容易使人覺得毫無秩序，這種搶眼為先的環境，讓人不易體驗多樣化的景色變化。

這樣強烈自我主張的爭豔色彩，某方面會讓人感受不到當地的特徵與氣氛。並不是用多種顏色與自我主張強烈的配色不好，常被人舉例的繁華街霓虹燈或室外廣告、東南亞觀光區、商店街中各種鮮豔色彩互相競爭，這都相應了當地的文化與歷史，我們期待該地被看見的，是那些充滿魅力與當地特色的景觀。

二〇一二年山梨縣為了讓富士山登記為世界遺產，在縣內各處實施修景計畫，我接受委託，作為指導色彩的顧問和許多公司一起工作，提出建議與觀點。勘查以富士山為背景，看起來十分舒服的湖畔景色時，我想：「這些真的是觀光客或當地居民所要的景色嗎？」於是與當地居民和行政人員一起做了許多努力，檢視該地區的資源與魅力所在。

左邊的照片就是山中湖畔，上半部是二〇一二年五月、下半部是二〇一七年九月的景色，不光是這些廣告看板的設計與顏色不佳，造成景觀上的問題。看了上半部照片的狀況，應該開始問問自己有什麼樣的想法，這才能使地區整體景觀「變得更好」的想法，在大家心中慢慢扎根。

成
為
思
考
根
基
的
東
西

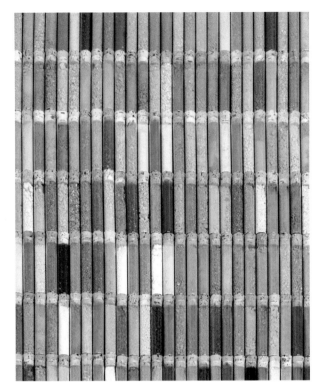

Soil sample, 2005

做環境色彩計畫的考慮、選擇根據時，我主張建築物的基本色是在模仿大自然的基本色。

另一方面，做這個工作常會聽到很多人說：泥土色＝茶色、很土、很沉重、容易看膩……

以思考「真的是這樣嗎？」為契機做的色彩調查，收集了來自各個地方泥土與沙礫的成果。不管怎樣的組合都有它的連貫性，顏色也十分多樣。以該環境基本色調作為群組，定調選擇的根基，然後實際的建築成品就會不停地受到「跟周圍有什麼樣關係性」的考驗。

了解色彩／思考色彩的50個秘訣

為了選定、檢視顏色所做的條件設定

　　常會說「使用」顏色，或許因為上顏色與塗抹全白紙張的印象連結。因此出手時要用什麼樣的顏色，比起科學或是脈絡之類的根據，更需要某種「勇氣」與「覺悟」。「用色」常讓人產生恐懼感，我在開始工作之後，很快的就對「現實的環境狀況並非白紙」這點有深刻的體悟。比方選擇一種屋外塗裝，會發現窗框的顏色已被決定、市售產品的顏色種類不夠豐富、不得不重新思考色彩的組合。無論是哪種計畫都有各式各樣的前提條件，將條件過濾之後，會有自己對色彩選擇幅度「尺度縮減」的感覺，經常像這樣「於某些條件下」進行考慮色彩的計畫。所以與其說是「使用顏色創造新景色」，不如說是強烈的以「色彩計畫」實行出多樣觀點的實驗性內涵，需要精準計畫使用色彩，並不是徒然的使用多色或是印象色。就算是教科書上告訴你基本色與強調色的組合型式，但如果不用上述所提，顏色與顏色的關係性做提點，很可能會沒辦法發揮最佳效果。

　　特定顏色，在這些狀況下會如何被觀察，首先要知道，並且理解這些事情。

09

下決定的要因整理

Before

After

Fujikawaguchiko Town, Yamanashi Prefecture, 2017

這是山梨縣富士河口湖町修景業務的試作照片。

決定國立公園內的旅館外觀，為了要符合當地景色、而且傳達出主旨印象，就一邊與經營者討論進行模擬試作，並提案候補色。

外觀是以山中小屋為印象進行設計，但考慮到背景群山會有四季變化，因此基本色採取自然界的基本色（＝ YR 系）招牌則利用明度對比，不但控制大小又能兼顧矚目度。這個顧問案後來就在提出選項與其根據之後完結了。下面的照片是最後交由經營者所決定的結果。

將判斷的標準分享給關係人士

實地勘察時，須發現該場所和地區的色彩特性——這個工作佔了討論方向中很大一部分，實際上也與許多因素互相干擾，最後難立下判斷。要如何整理因素，並以什麼為重，特別是做公共設施一類的討論與決策，把這些事物確實的化為語言，並將討論的過程視覺化，這是非常重要的過程。

「設計師作出好東西可以改變社會」這方面當然不可否定，但需要長時間維持、管理的公共設施，就算不去管理也應該可以非常自然、理所當然的存在。「盡量給出最佳、最適合的選項」，努力在這裡下點工夫，也是設計者不可或缺的一環。不該由誰隨意定下決策，或採取保險的方式用多數決去決定，而是需要挑選適合的人選，提出適當的判斷指標與方針交給專家，幫助自己做出決定。這並非易事，而且究竟是否為對該地區最好的做法，也不很明確。

實際上有很多地區的人們煩惱於「顏色選擇方式、與決定方法」。要以什麼為依據、留一些什麼比較好，只要以這些觀點去「傳達」、「嘗試」、「評價結果」，就可以讓判斷的「準確度」提高。

我的老師曾經說過：「自始至終都要有依據的去思考。」但我認為必須實際讓自身的感覺與理解結合，要讓自己做出「相應的判斷」來決定色彩，才能清楚的記在腦海裡，成為實際的體驗。

10

不管怎樣都想用色的時候

Shibuya Ward, Tokyo, 2008

考慮配色時，試著用「步行者視線範圍會動的東西」為觀點會比較好（見秘訣33）。上圖中使用在車庫門（會動的東西）上的顏色是YR系。眼前可見的樹，樹皮與可以稍微看到的土也是屬於 YR 系，和周圍東西的色相產生了「結合」。再來外牆塗裝的水泥是 Y 系，樹木的綠色是屬 GY 系。包含車庫門的 YR 系，可以知道這三個顏色的色相是連貫的。如果我要為這個車庫門上色的話，色相是什麼呢？明度與彩度大概要什麼程度？每天每天，這樣走在路上，都可以好好的思考會動的事物與不會動的事物間，色彩互相產生的關聯性。

了解色彩／思考色彩的50個秘訣

構築該地存在的東西與其關係性

使用顏色的時候，何謂成功、何謂失敗，要回答這個問題其實不容易。如果做出「沒有失敗＝做得很順利」這樣的定義，似乎是在「否定色彩調和的形成」。

色彩調和有幾種型式，熟悉不同的組合效果，就可以了解身邊各種事物是以如何的色彩調和而成。身為美術評論家，同時也是解剖學者的布施英利先生所寫的《了解色彩就能了解繪畫》（色彩がわかれば絵画がわかる，光文社，二〇一三年出版）書中詳細解說，西洋繪畫可以「解讀」色相三色調和、四色調和的法則。這邊的調和僅是一種「型式」，同樣的三色調和也可能色調完全不同。另外三色選擇方法重點是要合乎「型式」，並沒有要求一定顏色。

對於建築外牆或工作物＊，我的看法是需要考慮已存在物的顏色色相，選擇有關係性的顏色較好。如左頁圖中車庫門有適度的自我主張，成為了重點（accent）。語言學中重音 accent 代表聲音高低與強弱的變化，在色彩學中也有顏色高低與強弱的變化，可以想像成讓基本色收斂或強調等等效果，雖然這都只是假說，或是一種解法。我也碰過許多設計師表示，對解決調和論這件事情感到無聊。雖然如此，但我認為如果有去「使用看看」體會那個效果，就可以讓體會過的感覺與判斷方法成為自己的力量。

＊工作物：建築法規中有規定如門、圍欄、電線桿等人工製作設置的建造物。

給無論如何都不想失敗的人建議

色相調和型：使用一種色相或是類似的色相，讓色調產生變化的配色。主要使用木材或土為建材的日本傳統街景是以 YR 系色彩為中心，存在許多色相調合型。（上下圖都是 10YR 系的配色）

Hue harmonious color scheme, 2019

色相濃淡（明度彩度的高低）的階段變化，與我們身邊長年常見到的「狀態變化」十分相近。在晴天夕陽要下山時，藍色的天空漸漸變化為橙色的樣子；切下來的木材日漸風化，喪失原有色彩的樣子；落葉木由綠轉黃，最後再轉變成紅。

在日常生活中，身邊的色彩會慢慢轉變，不停重複這個過程，變化幅度細微、圓滑持續不停。

上面的照片是以模型化的方式表達調和色彩的概念。色相調和的特徵是帶有連貫性的色相，利用改變明度、彩度的高低，使得統一與連續性產生變化。

一種因濃淡所產生的色相轉變

　　很多人即便不是設計師、建築師，卻都處在不得不決定或選擇色彩的位置。最好的例子，是負責維持管理公共設施、設備的行政人員。處在這個位置的人多半都會有「我絕對不可以失敗」的積極想法，或是反過來「選擇跟以前一樣的就好了」的消極想法。

　　使用顏色，這短短一句話中，帶有多種意義與解釋。其中最令人擔心的就是使用多種顏色──雜亂無章。使用多種顏色，並不代表會得到色彩繽紛的結果。

　　因此接下來要介紹如何使用多種顏色，並表現出整體感和連續性的方法──「色彩調和型」的配色使用。

　　在環境色彩設計上有幾個基本的調和型。不管何種配色（比方說帶有強烈對比的補色），都跟容易看出調和感的二維空間圖畫與繪畫等有所不同，二維空間對於對象物的規模與用途，以及建築物習慣使用的色彩（素材色）有關，看到特殊的配色不易感受到和諧，比起調和感，與平常習慣的視覺有明顯差異，才是增加不協調感受的主因。

　　色相調和是配色的型式中，最容易讓人感受到「已完整被調和」。最主要的原因，是不管什麼色相都是由純色（原色）、白、黑色三者混合成的色彩變化，也就是說，在調和完成的狀態中再去調整明度和彩度。

色彩的好與壞

Study, 2011

觀察、測量街道上各種建築物的色彩會發現，即便是那種我們認為沒有特色的城鎮，也會出現一些特徵或個性。

採集顏色大致上就是將外牆基本色、屋頂色、建築材料色等等要素分開記錄。上圖的共通點都是建築外牆使用的顏色。接下來，將採集到的色彩樣本以色相的連貫性和色調分別排序，之後就成為下圖。和基本色不合的鮮豔色彩就另外分一區編排。

我們可以看到，原本雜亂的色彩群組經過有秩序的編排與整理之後，不管哪個顏色都等值，能夠看出它們的連貫性。

顏色與色彩，就跟聲音與音樂一樣

從事與色彩相關的工作，最常被問到的就是「你喜歡什麼顏色？」。但不論在什麼時間點被問到這個問題，我都難以簡答。用喜歡與討厭為基準來判斷顏色，總覺得是很可惜的一件事。顏色本身沒有所謂的美與醜，只有「看起來」很突出、「看起來」很搶眼，或是「看起來」混在一起雜亂無章而已。

這時就要把「顏色與色彩」分開來思考，更能輕易整理出頭緒。

比方聲音與音樂，音符各自不過代表著自己的音階，「Do」這個音並沒有好或壞的問題。音符是要以樂譜編排，演奏成有連貫性的旋律，才能夠成為音樂，我認為顏色與色彩也是這樣的關係性。

為了選擇與對象物相應的色彩，除了要考慮它的構造或構思適不適合之外，還要考慮它與周圍背景的關係性，這很重要。比如只是去小巷裡的居酒屋喝酒，卻穿著不相襯、滿是華麗亮片的禮服會顯得突兀，在什麼樣的地方就要有什麼樣的裝扮或旋律才相襯。我認為外牆色也是一樣，呼應地區與場所是一個參考的指標。

（不過小巷子裡穿著閃亮的禮服，其實也是有其戲劇性、吸引人的部分。）

紅色與街道

　　「光」決定了我們對顏色的觀點。尤其是身處國外，能夠在平常不同氣候、陽光下體驗色彩。照片是二〇一五年我第一次去斯里蘭卡時拍的。紅與黃可能是彩色中可視性最高的配色。在強烈陽光中看到的色彩，確實非常耀眼，但奇妙的是並不會讓人覺得不適與突兀，沒有厚重的布料質感，與周圍的深綠、廣告海報等多彩的文字與光影形成對比。描繪出一幅動態、短暫的景色（見秘訣 33）。

SRI LANKA, 2015

Hara Museum, 2010

　　在日本國內也時常體驗到陽光與色彩之間絕妙的平衡。圖是二〇一〇年在原美術館舉辦的企畫展覽看板，除了標示展出內容之外，也可能是為了搭配展期間強烈陽光下更加亮眼所做的選擇。

本章盡量具體整理客戶提出的各種條件與要求，色彩計畫的問題、解決決策，與表現背景達到一定程度的「配色」效果與思考方式、選擇方式。

根據這些顏色與顏色之間的組合，以「配色」所帶來的效果，提供對顏色的新觀點與解釋。

II

配色所帶來的效果

如
何
做
出
明
亮
的
「
印
象
」
？

Before

After

Hachioji City, Tokyo, 2016

時常接到色彩計畫的委託，客戶會要求一切盡量明亮，但只是將整體平均地刷白調亮，並不會讓人感受到明亮的視覺感。

明暗是根據周邊環境產生相對的印象，高明度的顏色也非永遠看起來都鮮明。當光量微弱時，沒有與其比較的對象，明亮的顏色看起來也會覺得暗。那麼是何種光才能使人產生出「明亮」的印象呢？我們可以發現選擇具有明度差異的配色加以組合，就會十分有效果。

上圖（改建前）的白色與下圖（改建後）的白色，明度幾乎相同。

明亮與暗淡

　　明亮與暗沉，不只是形容環境與空間的狀態，還表達出一個人的性格或各種事物的印象。暗淡這個字眼多半帶點負面，但用在某些環境中，卻表現出與安全感連結的情緒。高速發展的現代，在明亮之地就會感到安全與安心的心理作用，如燈火在夜晚中明亮，一直支持著都市生活的我們。

　　只要適當的控制好環境，我們也會覺得暗淡是一種舒適的顏色。比方說博多的天神地下街天花板就是一個好例子，整體使用當地的鑄鐵素材製做的框架，並設計多種卻不令人目眩的間接式照明。如同在沒有電力的室外點起營火，瞬間會成為人們生活與休憩的好所在，也因此有暗沉才會讓明亮顯得耀眼，兩者之間的關係，看左頁的「配色」就得以證明。

　　在日常生活中，我認為明亮擔任過多角色且評價過高。雖然以顏色本身來說，使用高明度色並無問題，如白色所代表的明亮色與整潔、信賴、現代感這類印象相符，可以說是代表日本高度成長、發展成近代都市的象徵色彩。

　　無論明亮或暗淡，人工環境的構成，對於形成整體光量的變化感受是重要的。

　　我認為糾結於表面數值與功能很危險。

14

看起來舒服的暗色

Kurashiki City, Okayama Prefecture, 2017 ╱ Chuo Ward, Tokyo, 2016

上圖並排的黑色木造牆面建築是極具歷史意義的街景，我認為這裡的暗色正是構成舒適觀感的重要因素。

近年來，我們可以看到市區的高樓層建築全面選擇低明度的顏色，這些類似古老建築的相近色系，施作於高樓建築的印象給人的感覺卻完全不同。

這並非僅是歌頌古老的東西好，批判新的事物那麼簡單。考慮到顏色也會影響心理，不知道這個差別是否能透過科學解釋？

顏色應當要有適當的面積，這是其中一個假說，但也必須要在有可比較的對象下。日後這些低明度的高層建築物逐增加，成為街景的基本存在，或許看起來舒服的基準也會有所變化。

了解色彩／思考色彩的50個秘訣

42

高層建築使用低明度所帶來的印象是？

我對於使用暗色有不錯的印象與評價。不過近年來我無法回答，也不知道為什麼的狀況出現——城市的高層建築紛紛使用低明度色。

尤其以明亮天空為背景，對比出壓迫的暗色，我感到十分突兀。

可以成為現有線索的冊就是在地已具有、已形成的環境。當地建築的最低明度色彩佔比，會以怎樣的視點被察覺？這可以是一個方向。另一方面則是做階段性的驗證——在那個環境下使用這樣規模、面積的低明度色會使大眾產生什麼觀點，從而一開始就選定一個極限值。但只驗證這個是沒有什麼意義的，慢慢地將色彩變暗並找到界線，這應該是相對容易找到平衡點的方式。

我在各地進行測色的經驗，水泥明度約為 6 至 6.5（見秘訣 79），曼塞爾色彩系統中，明度高低之間有個中間值，在建築外牆的基本色中多半，是落在曼塞爾色彩系統中間值的上下區間。

明度的差別可以明確的觀察到，數值約差 2.0、明度 4 左右，和周圍對比就會感覺非常暗。若要比其更加黯淡，我認為就需要到實際的環境中做驗證。

至今我的經驗認為，大規模建物的「基本色」在明度 4 左右最適合。各位也務必測量看看顏色的明暗，發現那個最佳的平衡點。

15

高
明
度
色
的
彩
度

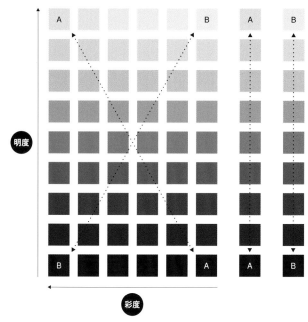

Study, 2019

此處做出漸變的明度漸層。

左邊六列是明度、彩度的變化。

右邊的 A 可以觀察到明度提升的時候，彩度跟著提升。

而最右邊的 B 中可以觀察到，明度提升的時候，彩度下降。

比起彩度不會變動的明度漸層，明度越高會讓彩度降低的漸層看起來
比較「自然」。

了解色彩／思考色彩的50個秘訣

44

明亮度是色感之母

　　彩度相同的顏色，如果明度較高（比較亮）通常會有比較強烈的色彩存在感（色感），根據長年經驗，我推出一個準則：在同明度的色彩之間猶豫時，要選擇彩度較低的（高明度色尤其如此）。

　　高明度、有色感的顏色大多會讓人有清爽又討喜的感覺。不過強烈的色感與色相既有的視覺效果兩者在搭配後，會在視覺上得到更加乘的效果。卻也衍生出一個問題：使用這種色彩於原先就有著堅硬巨大印象的尖角狀或尖角物體，反倒會使得彼此格格不入。我很難定義這是什麼情況，不過我一直記掛在心的是「自然的視覺效果」，一言以蔽之就是「不會格格不入」。如果色彩的高調感是眾所樂見，即便有色感，大多時候也能與周邊事物建立某種關係，或者色彩變化的程度與幅度，都能與標的物或環境相容。

　　從候補色中選擇最終決定色時，最關鍵的問題還是在於「是否禁得起時間的考驗」。建築與構造物，特別需要考量經得起久看不膩，無論什麼年齡、性別的群眾，都會對其產生好感、都能接受；如果是公有物品，更要考量它很難進行細緻保養等問題。因此在一定的條件下，對於色感的選擇，我認為「猶豫的時候就選低調的」會比較好。

16

色相的特徵

Kurashiki City, Okayama Prefecture, 2017

舉個例子，大部份石頭應為 Y 系色相。混凝土也稍微帶有色彩，其色相也屬於 Y 系。

辨識環境中大多數色彩的色相，我認為這是消除不協調感的最佳捷徑。

一旦創造關聯性，就能知道如何整合。即使關聯性是無法以肉眼清楚看見的元素也無妨。包括各種規模或形體，一定範圍的色彩總會在無形中成為整體的基礎。那些元素不會完全一致，而是擁有緩和而寬闊的秩序。

我們稱前述範圍為「地區基本色的好球帶」。

了解色彩／思考色彩的50個秘訣

與自然素材、現代素材都很搭配的 Y 系

　　色調會依照不同色彩而擁有多種形象，並且正面與負面的形象會同時存在相互影響。以紅色為例，紅色是有精神的、熱情的，也是華麗的、激烈的。所有色彩都有正面的形象，也有負面的形象。素材顏色的搭配會影響最後色彩的呈現，有些色調特別適合使用於建築、工程的外觀，使其融入環境。秘訣 29 介紹的 YR 系低彩度色彩，就是建築外觀上萬用色的代表。YR 系低彩度色彩與自然素材（木材、土牆或磚塊等陶瓷器）色相相近，易於使色彩協調。

　　另一方面，城市裡大量採用玻璃或金屬的高樓、大規模建築或大幅使用混凝土的河川景觀──我越發覺得比起 YR 系，不帶紅感的 Y 系低彩度色彩更適合這些地方。玻璃（見秘訣 84）由於具穿透性而難以將物體的色彩數據化，然而素材的特性與白天的天空會使玻璃感覺偏藍色，故會突顯綠色、藍色等冷色系印象。另外撇除上過漆的情形，鋁或不鏽鋼等金屬本身的質感（無機的、硬質的），比起色彩濃淡，金屬本身的質感更突出。

　　這類偏冷色系的天然素材，相較具自然素材溫暖印象的 YR 系，偏冷色系的 Y 系更易於融入其中。

「看起來不存在」的色彩

Heritance Kandalama Hotel, SRI LANKA, 2015

關於「令人深感興趣的呈現手法」，我請教了好幾位建築師。聽說建築設計事務所會使用一種「看起來不存在」的色彩，也就是明度 3 至 4 的無彩色（深灰）。建築師並非大面積使用深灰當做基底，而多是使用於柱子、扶手或屋簷等處消除其存在感。

這讓我想起，從灰暗的室內觀賞白天的景色時，目光會被外頭的明亮吸引，並逐漸忽略明度較低的柱子。

以「看起來不存在」的感覺呈現低明度色的效果與功能很有趣，讓人強烈感受到「想要消除特定對象的存在感」的意圖。

了解色彩／思考色彩的50個秘訣

低明度色的效果與功能

　　都市在近代化的同時，也逐漸高明度化了。我認為原因在於近代建築大規模的高樓化，與明亮、具有現代感高明度的輕量化工業素材相輔相成。

　　我在秘訣 14〈看起來舒服的暗色〉也曾提及我無法斷言色彩的好或不好，必須依照各地區檢驗後討論基本色應有的樣子。同時藉由積極明確表達「低、中明度色的效果與功能」，廣泛分享不同對象、用途與規模適合的色彩與其使用標準。

　　相同地，我在秘訣13〈如何做出明亮的「印象」？〉也曾提及低明度色能有效襯托其他要素與明亮度。除了我自己有過數次這樣的體驗，許多人都藉由左頁「看起來不存在」的手法體認到這個道理。

　　以最低明度的黑色為例。戲劇表演中的「黑衣人*」確實存在舞臺，但因為穿著黑衣而被視為隱形人。黑色（低明度色）令人聯想到影子（背光處），也容易連結黑暗、死亡等印象，因此可以扮演「無」的角色。

　　低明度色的效果，功能與其色調所擁有的含意與背景，我認為從中發現某種關聯性非常重要。

＊ 黑衣人：在歌舞伎、人形淨琉璃等日本傳統戲劇中穿著黑衣的工作人員。有的負責傳遞道具、有的負責操作人偶。

兼顧色彩帶來的和諧與變化

Tsukishima, Chuo Ward, Tokyo, 2017

遠景可以感受到些微色調，越靠近中近景越能強烈認知色彩──近距離接觸則會發現這種運用色彩的手法十分獨特。

這類配色可以使建築成為當地的地標或象徵，而周遭既有的罕見外觀、色彩也有可能因此浮出來甚至變得醒目。

一旦這類配色被周圍的建築「繼承」，附近就有可能成為多彩多姿的區域，形成特徵強烈的「群體造形」，高樓林立的情形下，意識到這類手法可以為群體帶來律動感。

群體的一致性與個別的變化或個性

隔著一段距離欣賞人造物，其輪廓或色彩會成為被認知的線索。比如說「最高的大樓」、「紅磚色的建築」等特徵用以向人說明，可以連結許多人的共同印象。

配色有所謂的「群體造形」。我從二〇一六年起擔任東京都景觀審議會計畫部的委員，並數次參與會議。「群體造形」據說是建築師槙文彥的理論，重點在於設計時優先考慮個別建築成為群體後的模樣，包括描繪天際線的方法與立面的設計等。從這類研究、論證與實踐，可以得知近代都市景觀如何被創造，或者說「應該如何創造」。

我認為色彩是建築設計中「群體造形」的要角：不否定個別主張，並意識到以形成具魅力的群體造形為目標，進而創造當地景觀。正因為都市景觀是持續創造的過程，這樣的概念與嘗試才得以成立。這是我參與前述會議後的感想。

基本色使群體色彩具一定的一致性，這點從各地的色彩調查結果亦可得知。都市與街道、建築有一定傾向的基本色，個體本身與周遭的差異，尤其是近距離感受到的差異。若想使兩者保持完美平衡，重點還是在於不能忽略基本色「既有的一致性」。

彩度0.5也能立大功

Katsushika Ward, Tokyo, 2016

在建築或工程的設計上，無彩色是萬能的——我認為這種想法並非謬誤，但也很難說完全正確。

傳統建築常見的自然素材沒有百分之百的無彩色，灰色的石頭、白色的灰泥等都帶有些微的彩度。

前述色彩大多以彩度 0.5 左右的暖灰搭配。不僅予人中性的印象，同時也易於融入周圍的街道、自然的綠意中。

製造連結、一致性的色彩

　　如字面所示，帶有些微色調的無彩色擁有特定印象、主張與意義，儘管指標規畫會善用此特性，但戶外廣告物使用太鮮豔的色彩會予人混亂與渾沌等負面印象。那麼不帶有色調的無彩色就是萬能的嗎？我想無法如此簡單斷定。

　　在色彩三屬性中，不同色相與彩度的搭配，對協調與否的影響甚鉅。因此在配色狀態希望具一致性的情形下，我認為「統合整體色相並以明度來控制變化」是很有效的方法。

　　然而我自己在實務中多次體驗到──現代建築領域中，許多人還是無法理解何為「連結、一致性」等概念。當然不是所有人都無法理解，但依照周圍環境來配色很容易被視為模仿；設法融入周圍環境很容易被認為是迎合而缺乏自我意識。「更好、更新」是創造與建構的本質──我認同這種精神，但也覺得那反而是一種阻礙。

　　請容我再次強調，直到現在我仍然在思考使用不具個性的無彩色是最好的選擇嗎？

填縫色的修正與刻意安排

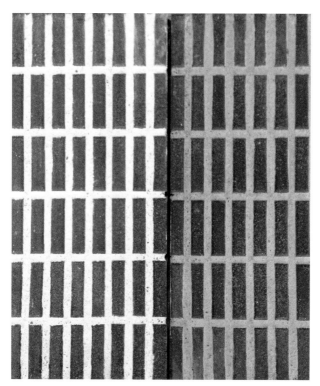

Tile sample, 2017

上方照片裡，左右磁磚的色彩相同，但填縫使用不同的色彩。

受填縫色的影響，磁磚的色彩也會看起來不一樣。色彩同時對比，圖面與背景（填縫與磁磚）的色彩會相互作用。可能會有人說「照片不一樣」、「騙人的吧」……但任何人來看，結果都一樣。這就是色彩的視覺現象之一。

不想受到其他事物影響——從事生產的人可能會這麼想，但我認為在周遭持續變化的環境裡，根據影響作修正，使對比更具效果更好。

靠局部掌控整體的可能性

超市以紅色的網袋盛裝橘子，就是為了讓橘色的果實看起來更鮮艷（這是彩度的同化現象）。這樣的「修正」並不是欺騙，而是為了讓它看起來更像橘子（但過頭就會讓人有上當的感覺，必須特別留意）。

磁磚與填縫的關係也是相對的，沒有正確答案。可以同化兩者以產生一致性，也可以透過填縫色的不同，使磁磚感覺煥然一新。磁磚與填縫的彩度對比增加時，可能會突顯磁磚本身的色調，也可能會因填縫色而使整體出現變化。

那麼「修正」與「刻意安排」間的界線究竟為何？我想「維持大多數人抱持的形象」是「修正」，而改變甚至超越原有形象就是「刻意安排」。

決定磁磚的填縫色時，一定要實際將二種或三種色彩填進磁磚裡比較，否則很難做決定。雖說經驗越是豐富，越可以預測結果，但我仍相當期待每一次的工作。每次看著完成的樣品，我都忍不住覺得色彩的相互作用非常深奧。

21

色彩與形態①

Adachi Ward, Tokyo, 2016

在這個集合住宅的案例中，陽臺的女兒牆就是特徵強烈的色彩計畫。
改變陽臺前方突出的部份使側面的陰影更明確，以強化立體感。

相連的住宅帶有些微的壓迫感，但旁邊有一排山毛櫸圍繞著中庭。為
了強調山毛櫸隨著四季變化的色彩，女兒牆的配色也有些微漸層，低
樓層的女兒牆較高樓層的女兒牆來得明亮。五棟住宅的外牆分別採用
紅色系、紅黃系、綠色系、藍色系、紫色系，以強化識別性。

了解色彩／思考色彩的50個秘訣

藉由配色來強化形態的特徵

只要了解色彩擁有哪些特性並事先感受實際效果，就能在各種場合善用色彩。像是突顯想要強調的、讓色彩帶有差異性，就可以強調形態的和諧感。

像這樣巧妙結合色彩特性與形態特徵，可以產生單色沒有的效果或印象。這不是說單色辦不到或無趣，只是我認為可以在研究的過程中嘗試各種配色。即使只是實驗性質，仍有機會更有效地運用形態的特徵。

我持續嘗試運用色彩，使因為光線而辨識出「被突顯」的陰影、範圍、距離感等要素更顯眼，進而創造視覺語言更豐富的外觀。

當然不是每次挑戰都會成功，事實上，我常覺得不應該強調色彩的存在感。

一定有人覺得不應該根據色彩調整形態，但我的想法是空間或形態的完成度越高，色彩這項「資訊」就越顯得多餘。

即使如此，唯有藉由這樣的檢驗與考察，才能發現色彩的效果與意義。

色
彩
與
形
態
②

Neyagawa City, Osaka Prefecture, 2016

照片中的集合住宅在施作外牆修補以前，曾施作耐震修復工程，加裝了不連續的補強支柱。

補強支柱的色調配合牆面的柱型、樑型的明度，使稍微凹陷的牆面明度有了變化。如此一來，突顯前方的框架，補強支柱就更融入周圍的環境了。

這是專屬這種構造、形體才能完成的配色。

了解色彩／思考色彩的50個秘訣

深度感的控制

　　一如前項所述，建物形態與色彩配色的組合可以創造單色無法呈現的效果或趣味。

　　當然，也有某些場合不適合以色彩強調形體。

　　在這種情形下，可以運用配色的效果「刻意不讓人意識到」形體，我經常認為如果建築師、設計師可以了解色彩這種「調節功能」就太好了。

　　我認為前述秘訣 17〈「看起來不存在」的色彩〉就是藉由色彩調節空間的案例之一，但我也希望對於形體的色彩處理可以更積極地發掘嶄新的魅力。

　　在我的經驗中，用來控制空間深度的視覺感效果最好。兩種以上的色彩相比時，明度高的色彩會看起來比較明顯、明度低的色彩則是相反。如果是討論大規模集合住宅或工程建築等外觀的色彩時，可以運用配色使空間的立體度、深度視覺感更明確，進而增加穩定性或讓線形看起來更具特色。

呈現的感覺也有其「特性」

基本色　基本色　色系漸層

明度 4

基本色　基本色　色系漸層

明度 4

Color sample examination, 2015

這張照片拍攝於祕訣 21 的集合住宅，我在現場確認陽臺女兒牆的塗裝色樣本。

當時五棟建築分別使用了五種色相，但設定了兩種基本色。為了不讓最低明度過暗，我選擇以明度 4.0 展開五段色系漸層。

即使是明亮的色彩，在小小的色票上看都顯得暗淡。不過如果使用 900×900mm 正方形的樣品放在戶外，在漸層的映襯下，即使是右方的低明度色也顯得突出而不覺得暗淡。

此外，上方圖的 YR 系是彩度 2.0，但下方的 G 系控制在彩度 1.0。我的顧慮是與暖色系相比，綠色系、藍色系等冷色系的最高彩度較低。因此彩度相同時，會強烈感受到冷色系的色調。

平滑面的塗裝看起來更明亮、鮮艷

標題所說好像「色彩就是具備這樣的性質」，但色彩其實是藉由反射在物體上的光線才得以辨識。相較於粗糙面，相同色彩在光滑面的反射率較高，因此在光滑面看起來更明亮、鮮艷。

確認建材的色彩樣本時，若是加上面積效果（見秘訣 59），這種現象會更明顯。

此外比較周遭環境時，色彩呈現的感覺也會改變。舉例來說，日本塗料工業會的色票本是白底。不習慣的人看了，即使是明度 7 也會因為與白底對比而覺得太暗，進而選擇更明亮、鮮艷的色彩。我盡可能測量外觀並掌握既有的數值，正是為了避免「單憑個體印象」做出決定。

色票是討論與指定色彩時的一種標準。如果相同條件下沒有明確可比較的對象，就只能靠色票來判斷。

色彩的數值是否適當，道理與物品的尺寸相同。就像十五坪的客廳與四坪的寢室適合的桌子、沙發尺寸絕對不同。我認為環境不同，「適合的色域」也不同。根據色彩的特性過濾適合的色域——在做各種判斷時，經常會有此類分析。

24

在正式做出決定前的階段性比較與猶豫

Obuse Town, Nagano Prefecture, 2016

撿拾並排列落葉，觀察色彩緩和的變化——即使到了現在，我還是對這項戶外遊戲樂此不疲。

從一片葉子的色彩變化、紅色與黃色間的界線等，可以在比較範圍中看出色彩間的距離感與連結性。

像這樣在戶外與背景（上圖為彩色瀝青）對比，紅色會看起來時而鮮艷、時而暗淡。由此可知色彩在何處看、如何看，看起來的印象會有所差異。

在階段性比較時若猶豫該如何選擇色彩，不妨在不同的背景地點檢驗。

了解色彩／思考色彩的50個秘訣

從階段性變化決定採用色

　　從討論到草擬計畫，直至獲得客戶與關係人認可，是色彩設計的目標之一，然而那也只是使「案件」成立而已。在正式做出決定前，還會經過數個過程。準備油漆色彩的樣品時，我們會採用秘訣 97「準備指定色原色、淡原色與濃原色」這樣的方式。近年在指定色上，我會使用日本塗料工業會的色號，但油漆的光澤、表面的凹凸會讓色彩呈現的感覺不完全一致。即使指定色號，色彩呈現的感覺還是會隨著環境展現較亮或較暗的效果。特別是結合其他建材時，思考如何對比或融入十分重要。

　　如果只看一本色票而沒有其他得以比較的候補色，無法確認「是否恰到好處」。因此我經常會製作複數候補色來比較，選擇色彩效果最佳的組合。只要一邊比較一邊檢驗，就能逐漸掌握色彩的對比如何影響具決定性的因素。我會準備明度分別差 0.5 左右的數種色彩在現場或戶外檢驗，直到完全熟悉為止。特別是明度，許多設計師會根據建材或塗料呈現的明度，列出非常接近上下限的候補色。如果無法掌握與其他建材或周遭環境的關係，實際施作可能會覺得過於突出或格格不入，甚至帶有過度的壓迫感。

25

群體配色

Hachioji City, Tokyo, 2016

使用多少色彩算是適度，並保持整體的一致性呢？不能過度增加或變更色彩數量，必須試著以適當數量的色彩產生最佳效果，包括具創新感，以及單色無法呈現的耐久性、抗汙性等。

根據我的親身經驗，即使有多棟住宅，只要列出四種模式就能因應分區或形體的變化，也可以清楚呈現個體間的色彩差異。

了解色彩／思考色彩的50個秘訣

創造適度變化與一定一致性的系統

我長年從事集合住宅的外牆修復工作。在日本經濟高度成長期，政府為了解決住宅不足的問題，短期間內建設大量公營集合住宅。從那時候開始，集合住宅林立的情形變得常見。這類集合住宅的外觀大多「只」塗上沉穩的單色，近三十年才逐漸計畫性思考並設計色彩。

此外大規模集合住宅的修復會分數次、數年來施作。只要某段時間某部份的外觀大幅改變，就會破壞整體的一致性，甚至會使居民覺得不公平。反過來說，只要在設計集合住宅時將修復計畫納入考量，就能階段性的整合。

針對這類集合住宅「群體」的配色，我們曾思考、修改並實踐各種模式，希望找出特定法則。只要運用多種色彩就有變化，但整體印象會顯得零亂。若設計複雜需要分別上色，不僅施工費時，也有可能發生上色錯誤等瑕疵。我覺得最理想的情形，是適可而止的建立一套色彩系統。

至於群體配色的法則，盡量不讓相鄰的建築使用相同色彩。如左方的案例，群體配色最多只能有四種模式——這是我們依照經驗掌握的其中一種法則。為了拿捏色彩與色彩的對比（距離），進而藉由群體配色呈現適度變化與一定程度的一致性。

呈現正確的色彩

Color and material sample, 2010

多數提案時會整合內外部的建材樣品，製作「建材展示板」。特別是事關多數人員的企畫，一開始使用此類工具就能輕鬆讓大家了解整體的方向與風格。

然而由於色彩會與背景相互影響，我對「建材展示板」的底色相當堅持。為了「盡可能地呈現最接近現實的效果」，我花費很長的時間找適合的展示底色。

這項商品的名稱為 Crescent Gray Tone Board B-03，價格較其他紙板稍高，但作為底色呈現的效果不過亮也不過暗。這樣的特質能讓樣品呈現正確的色彩，十分值得信賴。

所有事物呈現的感覺都有相對的關係

　　即使打算有系統地確認素材或色彩原樣，實做上很難如此，或者說無法做到。因此每次判斷，我都會思考如何調整周遭環境對色彩帶來的影響。

　　尤其是製作簡報時，我一定會特別留意。近年由於CG、印刷等技術十分發達，人們會使用影片影像呈現正確色彩。一方面印刷會因輸出用紙、印表機的使用而產生品質差異，因此每次都需要些微調整。

　　既然我的專業是色彩，自然期許自己呈現正確的顏色，總是致力於提升精準度；同時我的經驗告訴我——色彩容易受到周圍環境影響，而人們大多是無意識的判斷，明明知道眼前看到的不是實際情形。因此只要事先調整以避免格格不入的情形，就能讓人們更容易理解色彩的特性。

　　微妙的差異非常棘手，在討論、選擇時必須慎重檢驗。雖然只能透過自己累積經驗，但我也發現人們似乎沒有那麼在意色彩的差異。在意色彩的差異才會覺得配色格格不入。因此，提案時我會盡可能地呈現現場實際的印象，致力於避免「建材展示板」與完工時的視覺感不同。

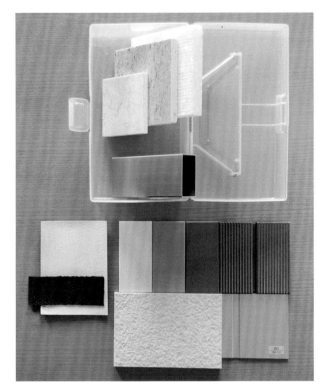

Color and material box, 2010

無論如何，我覺得事先整理樣品是非常好的做法。在建築計畫裡，規格經常因現場進度而更改，包括其他建材因塗裝而需要調整色彩、既定的素材停產等。

因此即使只討論一小部份，只要立即確認整體的結構或關係，就能讓一連串的作業順利進行。我前往會議現場時都會帶著這些工具，完工後仍會保持原樣做為紀錄。

我在二十年前建立了這套系統並加以實踐，現在回想起這件事，我都會忍不住誇獎一下自己。

比較後再判斷並分享決定的依據

　　事實上在現場監工時，即使想製作縝密的計畫書或指定圖，也會出現「鋼製門的色彩還沒決定」、「素材的規格又變更了」等情形，必須隨時調整或變更。此時，「周遭環境」仍是選擇或決定的重要依據。比較鄰近或背景的建材，檢驗「呈現的感覺」很重要。

　　建築或土木工程現場的工務所，通常會註記決定物品色彩的日期或簽名，以妥善管理。若設計者常駐於現場，完全不成問題；然而進行色彩設計時，並不會長時間待在現場，因此我們會透過樣品掌握實際情形，同時以電話、電子郵件回覆現場的疑問。現場如果地處遙遠，更需要如此。

　　這類比較的作業是為了與相關人員分享決定的根據而進行工作時經常有人問我：「為什麼要用這個顏色呢？」此時只要排列樣品，即使不是專家，也都能憑自身感受，理解到什麼是好與更好。色彩的選擇絕對不是憑個人好惡，重點是「避免格格不入」。

　　這是指必須明確說明：「當 A 與 B 比較，B 的色彩能完美融入周遭建材，但因表面光滑而會顯得醒目，A 的明度與彩度在周遭建材映襯下較低調，感覺像是底色。」

　　色彩的明確分析我認為是專家的任務之一。

棕色與街道

　　土壤、樹幹等主要是 YR 系低明度、低彩度的色彩，可以說是自然界基本色的代表。

　　比如說塗成棕色的人造物體特別適合綠意盎然的環境，我自己有過數次經驗，並發現除了外觀，近年業界也採用了各種不同質感的材質。包括防水布、防鳥網或防風網，過去經常使用鮮豔的藍色，並不是基於功能上的需求，後來某座葡萄園決定將藍色換成棕色，避免網子過於醒目，才發現棕色網子附近的葉子長得比較好、鳥類比較不會弄破網子、從外頭看會以為裡面有人，因此有報告提出有助於防止盜竊。

　　這可能是因為低明度色會吸收光線使存在感較低，但這也都是經過比較才掌握的效果。

Kosyu City, Yamanashi Prefecture, 2019

對「色彩的價值」評價，會依年齡、經驗、職業或品味而有所不同。

即便如此，我在各種領域中持續探索，「這樣就能理解」、「這很棒啊（不依據個人好惡）」，大自然的色彩是大眾共同擁有、長久待在我們身邊的，雖混雜多種要素卻又創造互相襯托的關聯性，我認為自然環境的色彩可以成為我們的範本。

III

自然界的色彩構造

28

自然界的原色①

Study, 2011

自然界的基本色＝底色，定義是「擁有大面積、不易改變，難以受到季節或時間變遷影響」的存在，也就是土壤、礫石與沙的色彩。

將此替換為人造物體，如建築外觀因「長久固定於該地，成為不會變動的存在」，我認為沿襲自然界基本色的範圍作為參考，就可以減少「巨大失敗」的可能性。

了解色彩／思考色彩的50個秘訣

成為底色、支撐變化的基本色

在環境色彩計畫中，會著重於底色與造形的關聯性，哪些事物擁有色彩；什麼能襯托呈現色彩的感覺？我曾試去做這些相對化的比較，常與建築業界的人聊天，只要一說出「在環境中建築是底色」總會讓人嚇一跳，在某些場合甚至破壞了氣氛，但這並不是針對單一對象，而是將環境視為群體時，我認為建築是一種屬於底色性的要素。

話雖如此，底色與造形要素相互擁抱，整體來看，即使著重於底色要素上，造形的角色也必須存在，以我考察的經驗，這樣的觀點分成數個階段，以此為起點，我會嘗試將自然界的底色做為人造物體的基本色，試著思考可能性與適用性。

在建築或工程中的基本色，可說是全體結構的主體，也佔了大部份，是不會變動、持續長久存在於該地的存在。「以長遠的眼光」來看，要不容易看膩，且減少與周遭相比時的不協調感，基於這樣的目的，「開展自然界基本色」就是「簡單解釋」的方法之一，基本色佔有這樣的地位。

如此的觀點絕不是「只要用樸素的色彩就是好的」這麼單純，因為底色也會有令人意外感到華麗的時候，「藉由使用底色的色彩，一面可以善用周圍的各種變化，一面創造印象深刻的景色」或「因為使用底色的色彩，即使周遭改變，也能保持不受變化影響的普遍性感覺」，我認為善用底色會產生這些可能性吧。

自然界的原色②

Nozawaonsen Village, Nagano Prefecture, 2011

自然界的基本色，大致會以暖色系的低彩度（4以下）色為中心。

土壤或細沙、木材等擁有的色彩，以 YR 至 Y 系為最多，過去無論哪個國家或地區，都是因為使用這些自然素材來蓋建築，自然形成穩重冷靜的色調，也就是「大地色」的色彩範疇。

因此建築外觀要做成暖色系？並不是這樣，我始終希望大家先試著思考這件事：「自然界是由『大地色』色彩構造所組成。」

暖色系，彩度 4 以下

　　自然界的基本色是以暖色系，如：土壤、礫石、細沙或樹幹為中心，「鮮艷度」也就是彩度在 4 以下，這是日本多數街景外觀上經常見到的基本色系，同時也證明過去多數的建築、工程是由自然素材製成，而此一趨勢也大致沿續到現代的建材。

　　自然界基本色是長久以來人類習慣且親近的色彩。

　　如左頁所述，說出「在基本色上，先使用暖色系的低彩度色彩」好像也不太具說服力，我一面擁有這樣的自覺，一面持續思考著：是否有可能超越專門性或領域，將可以共有的指針或指標發展成「自然界基本色」基準呢？

　　成為基本色的色彩、色域、色群，還有成為底色的領域，正因為有這些色彩的存在，所以反映出造形要素，這是自然界的色彩構造。意識到這點，就會在相對性的關係中思考素材或色彩，我認為這同時也是，學會在必要的場所，依照必需性來靈活運用素材或色彩的捷徑。

　　首先，請以身旁的自然環境為題材，試著去感受暖色系在彩度 4 以下，是擁有何種色域吧！

自
然
界
的
原
色
③

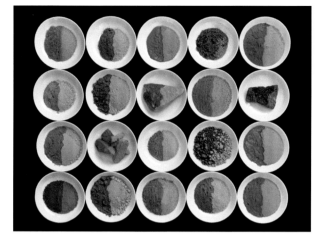

Study, 2016

自然界的基本色，較難受到季節或時間變遷而改變，話雖如此若要提到變化的因素，可以舉出天候的影響。

大地的色彩在雨後被淋濕，明度會下降彩度會稍微提升。這一點充份呈現了多孔質物質具滲透性的特徵，比起成為造形的要素，這種變化方法更戲劇性。

自然界的底色，本身並不是變化的要素，卻不得不受到周遭的影響，是其特性之一。

自然界基本色的明度變化

　　多孔質的自然素材，受吸收水分以及各種經年累月的變化影響，在日常生活中，因天候產生微小改變，造成我們司空見慣「明亮度」的變遷。

　　使用現代建築材料，為了提高防水性而特地下了許多工夫，使它不易受到戶外空氣的影響。這的確提高使用性能，是令人欣喜的發展，但在色調的變化上，也讓成我們司空見慣的「明亮度」變遷。

　　前項提到希望大家體會暖色系、彩度 4 以下的「色域」，我認為關於明度的上限與下限，也同樣在自然界中有著提示。乾燥與濕潤的狀態，是自然界基本色擁有的明度範圍。組合兩種色彩可以視為結構色相調和、擁有濃淡自然變化的配色，這並不是直接加工在外觀上，儘管如此，我們會將身旁這些現象做為檢驗或選擇的線索。

　　土壤或石頭弄濕後的色彩下限在明度 2.5 至 3.0 之間。這是我們見慣的自然界色彩中，擁有低明度色的下限。如果大面積出現比這下限的明度更低的色彩，就會被認為想要追求某些必要性。

　　即使超越一定的限度，當然也有可能產生「最好的環境」，但這種狀態下的耐用程度究竟是如何？我想在判斷上似乎需要花些時間。色彩在多變的自然界氣候中，它的構造還有許多值得學習的地方。

　　.

雖然看起來是單色

Study, 2016

自然界中基本色以大面積存在，如果調高解析度，就可以理解是細微粒子的聚集。

整體看起來是灰色的河灘石頭，仔細的一個個觀察，可以了解它們是帶黃色、綠色、藍色的，各有些微色調的灰色集合。

拉開距離看，石頭們的界線是曖昧的，混色在一起，漸漸形成一片。

對於微妙的色調，甚至只要拉開距離，就會在我們目光所及的範圍，擴散到空間中。

基本色本身是細微的，擁有多樣的色彩變化，這是自然界色彩構造的特徵，經常讓我感受到它的寬廣。

不單一不單調的強烈感

　　「不單一且多樣」是自然素材最大的特徵，我時常感到如此。老師的教誨中有這麼一句話「大自然就是調色師」——自然物有某些秩序，無論如何組合都會成為有魅力的配色，這些話語在我當時學習的課程或演講中經常耳聞。

　　自然界的基本色、暖色系的彩度 4 以下、依據天候的濃淡變化，這些因素（條件）結合在一起就稱之為大地色，這樣的色域決不會因為綁在一起就變得單調，一樣充滿形形色色的差異與變化。

　　雖然有些重覆，「善用自然界的基本色」這件事絕不是等於「選個無可非議的色彩就好」。舉例來說，由人所設計的住宅或辦公室、橋樑等，是個人或地區的資產，同時也是組成環境要素的「一員」。其中包含規模、形態、設計，是非常多樣化的，這是現代社會的一個價值，也與街道魅力息息相關。

　　關於色彩，在其「多樣性」的領域中，藉由套用各式各樣的自然界基本色，來保持既有的環境平衡，互相提高各自魅力，偶爾還能更新，我認為這些都是非常可能達成的。

　　長久以來我持續思考，自然界色彩構造具有「非單一性」這點，會不會成為有利條件呢？換句話說解答並非只有一個。

成為大自然這幅畫的色彩①

Hongo, Bunkyo Ward, Tokyo, 2018

花草、昆蟲、小動物等微小生命，在自然界中被定義為鮮活明艷的色彩圖像。

人類也是，透過薄薄的皮膚，浮現看起來紅潤色彩的嬰兒，或充滿活力的年輕女子，那種新鮮嬌嫩的感覺，在環境畫面中處於圖像要素，也為這個世界增添了生氣勃勃的鮮艷色彩。

但這樣的明豔再怎麼說都是一時的。花朵的面貌與樹木的紅葉都是季節限定的事物，引人注目的昆蟲也在其有限的生命中，讓人留下美好姿態的印象。

人作為生物的一種，隨著歲月而變得白髮蒼蒼或膚色暗沉，也都是極為自然的現象。

了解色彩／思考色彩的50個秘訣

自然界的變化與色彩點綴

調色師尚 - 菲利普．朗科羅先生，現在已從實務工作中引退，在自己擁有的島嶼上，每天望著海洋生活。畫了幾百張早晨、白天、傍晚的景色，聽說至今仍未厭倦。為了繪畫時混色顏料，他使用紙製調色盤，聽說每畫完一張後，這些色彩殘留的紙製調色盤他也持續保留。他對於色彩與其呈現鑽研的精神，還有面對色彩絲毫不厭倦，我想他一定是對此擁有莫大興趣。

人們感受時時刻刻變化的美景，是不分國界、文化、年齡的，這樣光景變換的現象，強烈吸引我們的內心。自然界不固定且持續變化的一切，還有那些根據季節與時間變遷，可見的各種色彩點綴，滿含「不會厭倦」的要素。一想到在生活周圍就有這樣自然的變化，那麼對於不動的建築、工程物或人造物，我想「上策」果然還是思考如何善用自然的存在與呈現吧。

一九九〇年代公共設施或設備上，會用「便利設施」這樣的名目來描繪地區的花卉、鳥類或特色的節慶（慶典、煙火大會等），用明顯的形式呈現該地區的模樣與繁華。這類引人注目的案例，即使現在也會在大規模的牆面或工程建築上看到，「畫出地區的象徵吧」這樣的動作，雖然偶爾會成為資產生根當地，但我想還是不及在地真實的花卉或鳥類來得令人感動，如果可能，我認為要傾注心力於真實事物的狀態，來調整地域整體視覺，體會更生氣勃勃的魅力才是。

成為大自然這幅畫的色彩②

Obuse Town, Nagano Prefecture, 2016

自然界中圖像的鮮艷色彩，可說是存在於靠近地表的地方吧。

染滿山頭的落葉木，從人所在的場所來看，看起來是在高處的位置，但從樹木生長的大地來看，那還是靠近地表，早晚葉子都會凋落回歸大地（不會一直保持新鮮、綠嫩的狀態待在枝頭）。

稍微試著展開景觀來看，多半會感受到對於這種構造的理解。並非單純地重心在下，而是讓人感覺水平方向的綿延與深度，我想會是這樣的「線索」，大自然果然是相當結構性的呢。

鮮艷色彩的歸屬

前陣子，我開始在意起色彩的歸屬。某位建築師曾說「素材所處的位置是由結構決定」，之後我就持續思考，那麼色彩所處的位置是如何決定，或自身該如何決定的呢？

走在街道上或進行調查之際，我開始會特別留意鮮豔的色彩在哪裡。

自然界的構造還是明顯可見，有成為底色的色彩，成為圖像的色彩，在各自的要素中有著「固定位置」。

在自然界，鮮艷的色彩是由有生命、接近地表、面積又小的事物擁有——與其說是我所下的定義，我更覺得是從自然界的色彩構造中導出的「法則」。

我在規畫色彩時，特別是使用鮮艷色彩的場合，會先思考「所處的位置在哪裡、所處的位置適合嗎？」這樣的事情。

如果是看起來唐突的用色，色彩自身也會覺得尷尬充滿不適吧！色彩的使用與尺寸類似，要計畫適當的收尾、完工方法。

如果應用之前的秘訣，就可以看到如「在身旁周圍的」、「會動的部份」、「使用小面積」這樣的可能性。

天空與海洋河川的色彩

Ryoanji, Ukyo Ward, Kyoto City, 2012

根據色彩心理學的統計，藍色是世界上最多人喜歡，偏見最少的顏色。我想是因為讓人想起連接世界的天空，或生活中不可欠缺的水吧。

天空與水的色彩在生活中佔了大面積的視覺空間，也許因此被視為基本色。但天空或水的色彩，並非是固定在物體上可以見的色彩，是沒有體積的薄膜色彩（film color），與一般物體所呈現的色彩，兩者構造完全不同。

因上述觀點，我將天空或海洋、河川的色彩視為變動的色彩，雖然我做這樣的解釋，但這也非圖像。

總之，這些存在都會對不會變動的事物（底色）產生影響，我想這就是基本色存在的重要性。

了解色彩／思考色彩的50個秘訣

沒有距離或形體的色彩

薄膜色彩又稱為平面色，德國心理學家大衛‧卡茲（David Katz）所提出，做為「色彩的現象性分類」敘述，是歸納色彩方法的一種。如天空沒有明確的距離感，令人感覺是呈平面延展開來，也被定義為「其面柔軟、具厚度，根據周圍的條件，看起來彎曲」＊。

雖看似平面，卻又感受得到柔軟與厚度，質感與觸感曖昧不明，「無法固定於物體上」我想這可說是它最大的特徵吧！

要將這類不固定位置的事物置換成具體的色彩，無論在設計上或藝術領域中，都相當困難。試著舉出身旁周遭的「藍色」，天橋或自來水管，塑膠桶或保冷袋，會運用天空色的搭配都有涼爽、冰涼的印象。

天空與海洋的色彩不固定，因此要將之置換成具體色彩時，要從某個「瞬間」剪下。即使同樣是晴朗的天空，夏天與冬天的印象差異巨大，而且人造物體的色彩會比天空、海洋、河川看起來更鮮艷且具象徵性，如此一來沉穩又纖細的自然變化變得難以注意。

各式產品普及化的現代，不管選擇的理由為何，常感到「就算不用這麼鮮艷的色彩，好像也可以」。仿照自然界色彩構造時，會將「沒有明確距離或形體的色彩」從基本色的候補名單中去掉，這是我大致的方向。

＊ 引用自《大英百科全書 百科簡編》。

木
材
色
彩
的
變
化

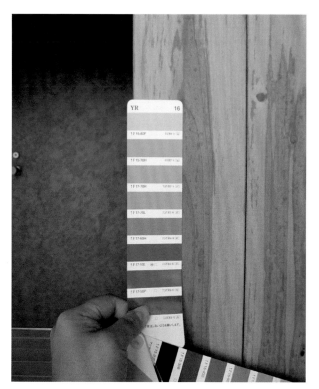

Mokuzai Kaikan, Koto Ward, Tokyo, 2012

新木場站前的木材會館在二○○九年六月完工,是東京木材批發商協
會的事務所兼出租辦公大樓。二○一二年完工後的第三年,比起剛完
工時的外觀,木材的色彩變得更沉穩。

一般來說木材會因為經年累月的變化,色相變得偏黃,明度上昇,彩
度下降,在木材會館中也可以藉由測量木頭的色彩來確認這個傾向(見
秘訣82)。

加工後的木材,又會刻上新的時間變化,不停轉換。雖然在自然界中
樹幹的色彩是以不會變動的底色而存在,卻能感受得到木材的生機。

了
解
色
彩
／
思
考
色
彩
的
50
個
秘
訣

讓天然素材的色彩「勝出」

我會撿拾各地的土壤，有時將它們乾燥、有時又將它們弄濕（見秘訣 30）。自然界中各式各樣的素材，我對於存在其中變化的「幅度」與「趨向」深感興趣。

自然界的變化擁有的幅度與趨向，在時間的洪流中反覆進行──這也是自然界色彩構造的特徵之一。

表皮加工後的木材，與木頭的原色有很大的不同。相對於長年被風吹雨打的表皮，木材因為接觸到戶外空氣而漸漸乾燥，逐漸失去原有的色彩。

即使是相同的素材，也會因為與戶外空氣接觸的方法不同，而大大改變其質感或色調，這就是天然素材。因此也有處理上較為困難的一面，即使如此，色相的變化相當細微，主要是色調、明度與彩度互相搭配下色彩狀態（見秘訣 56）的變化。即使只是事先得知這種特性，在選擇素材、或搭配木材的塗裝色時，都會是很大的提示。

舉例來說我們在選擇搭配木材的塗裝色，會選擇「較不帶紅感、彩度較低的色彩」。即使木頭的色彩會變化，還是希望不要讓塗裝色過於醒目。

在建築設計上，針對外角、內角的收邊方法，有所謂「勝負決定」的呈現，天然素材與塗裝色之間，最後擁有變化範圍的天然素材總會「勝出」，我想這不就是因為色彩構造上重現自然嗎？

36
距離的變化與色彩呈現的感覺

Lake Motosu, Yamanashi Prefecture, 2012

近在眼前的事物看起來鮮艷，拉開距離看起來明度會上升，彩度會下降。

舉例來說，關於彩度，也要試著考量依照距離不同呈現的變化方法。在自然界擁有鮮艷色彩的，部份是花卉與昆蟲，無論何者都靠近地表且面積較小，是中、遠景中難以察覺的存在。

變色後鮮艷的楓樹雖與花卉、昆蟲相比面積較大，是靠小面積的葉子所聚集才組成的事物，拉開距離後，因為縫隙陰影而使彩度看起來下降。

若想要以引人注目為優先，容易演變成競爭色彩之間的華麗程度。為了保持條件間的平衡，且同時進行配色，我認為最有效果的方法是呈現因距離而變化的色彩特性，以此作為搭配來進行。

了解色彩／思考色彩的50個秘訣

考慮因應距離變化的用色

「鮮艷色彩的歸屬」與秘訣 33 有所關聯，自然界的色彩構造，是將人的視線巧妙地誘導到對象（圖像性質的要素）。將這樣自然界的配色原理，試著展現在人造物體的用色上，我思考著這樣的可能性。

眺望景觀時，視野自然而然的寬闊起來，也自然的環視與遠眺，此時比起將視點固定在某一點上，我更想將山巒、天空的色彩、雲朵的形狀等視為整體。色彩的呈現會因應距離變化，看起來「越遠越模糊」、「越近越鮮明」。漸漸靠近對象（例如山或樹），各自的表情也變得豐富，質感或色彩的差異會變明顯，變得印象深刻。

在都市中往往太過強調新建築的地標性，會藉由設計或形態、色調等，互相競爭差異性的傾向。關於色彩，近年受到景觀法的影響，多餘的華麗用色逐漸減少，即使如此「從遠方看要很醒目」，或希望外觀、高樓層上使用令人印象深刻的色彩，這類的要求與商量還是接連不斷。

並非不要使用鮮艷的色彩，而是仿效自然界的色彩呈現，配合視點的變化漸漸地靠近，給予強化的色調，我想這樣效果比較理想吧！

若將都市當作景觀一般眺望，看著突出醒目的鮮艷色彩，心想總想著這真的有給予整體任何「好的影響」嗎？至今我仍未找到答案。

37

自然的變化

Wuxi City, Jiangsu Province, CHINA, 2012

二〇一二年，我為中國江蘇省無錫市的都市色彩計畫製作色彩基準與設計指導方針，現場調查時他們替我導覽了運用古老街道進行地區再生的區域。

面向流經圖中央的運河，聽說右側是約一百年前建造的，左側是忠實再現右側的建築。時常想著經過一段時間後，究竟是色調的搭配會先追趕上呢？還是這平穩的差異會持續？

像這樣以看到時間的變化了解街道的組成，我覺得也能成為認識城市的線索。

接受時間、容許滲透、持續變化，這都是理所當然的，這不也是自然界的定律之一嗎？

了解色彩／思考色彩的50個秘訣

90

變化是最大前提

色彩的辨識困難而複雜，或許有多個因素可以列出，如左頁一般除了經過時間的長年影響，還有天候與光源的變化使得色彩的呈現不停改變。「周圍變化會改變色彩呈現」，我想如果可以意識到這點是最好的。即使天候或光源改變，人造物體的色彩並不是物理性的變化，而是受周圍變化的影響。

也就是說，不是只有一方產生變化。一方改變，另一方所呈現的樣子也會不得不改變。將這樣的現象視為事物的「特性」，似乎就可以解決一些事情。

我時常被問到，要以何種光的狀態為基準來決定色彩呢？通常白天的自然光（非直射而是如北窗光的散射光）是理想狀態，如果必須在夜間或室內選擇光線，根據國際照明委員會（CIE）所規定的標準光源，D65 是理想標準。市面也有販售檢驗用的卡片，可以確認該地點的照明環境是否接近 D65。

依據光線不同，色彩的呈現方法也會變化，這稱為「演色性」，特別是在印刷或產品管理的現場，要在一定條件下加以判斷，即使在不同環境呈現的樣子也不同，不會影響產品的性能等，可以保有一定以上的水準。

在建築的外觀上，首先要以白天自然光下的判斷為基準來做比較，試著習慣在這樣的狀態下進行嘗試，我想會比較好吧。

Kosyu City, Yamanashi Prefecture, 2015

38

因時間長遠造就的色彩

用木頭、土、礫石等素材製成的傳統日本房屋，彩度會隨著風吹雨打與時間流逝而下降。現代建築外部的建材，多數都擁有高耐候性、耐久性，難以發現因時間變化而造就色彩，這種情形持續增加中。

建築師內藤廣先生在某次演講中，表達出「人工素材不會被時間所滲透」。的確如此，將建材或素材視為與我們一樣的生物，為了更增加「深度趣味」，無論如何「時間的流逝」似乎不可欠缺。

不汙損、不褪色，這雖然是可靠的價值之一，但也有著唯獨時間才能造就的景色，這一點我希望不要忘記。

了解色彩／思考色彩的50個秘訣

製造該地區「特有風格」的色彩點綴

　　我曾在聖誕節於京都搭計程車，司機對我說：「這幾年比起聖誕節，萬聖節更熱鬧。」我感到有些驚訝。扮裝之後街上遊行的人們是「移動色彩」，成為街道上的景色，增添色彩點綴新要素，我再次真切感受到這正向全國擴展開來。

　　要前往許多地區做調查時，心中會想著這樣的景觀還留著嗎？經常會遇到這種不確定。比如在岡山縣奈義町的瓦片屋頂農家，屋簷的高度相當低，仔細一看，可以見到背面有許多一種像是被稱之為「Kose（コセ）」的防風林結構。試著詢問當地人，聽說是為了防止從山上吹下來的強風所下的工夫，可以認為是這類「合乎道理」長久生根於當地的因素，也呈現了這片土地的「特有風格」。

　　左頁的民家*或漁村上可以見到院子前的柿子樹，據說本來是為了要採集柿漆而種植。看顧它時偶然發現將澀柿子曬乾讓它變甜的方法，這樣先人們的智慧與竅門，增添了在地的色彩點綴，我對此相當有興趣，感到其中也連結起該地區的個性。

　　現代城市中，這類「合理性」或「傳承下來的竅門與智慧」，因為難以看到時間的變遷與累積，欠缺了「特有風格」。萬聖節的慶典，或許會成為城市裡新的「特有風格」要素。

_____

＊圖為日本重要文化財「舊高野家住宅（甘草宅邸、山梨縣甲州市）」。

39

觀察色彩的練習

HOSHINOYA Kyoto, Nishikyo Ward, Kyoto City, 2015

石頭之間如果有縫隙就會產生陰影。

寬廣的平滑面，會比細小有接縫的面看起來更明亮——接縫製造出的表情、凹凸造成的陰影、光所帶出的濃淡。

即使是單一素材，都能創造如此多樣而豐富的面貌，我衷心佩服。那麼，所謂「觀察色彩」究竟意指為何？

了解色彩／思考色彩的50個秘訣

94

全心全意的觀察色彩本身並加以記錄

同樣的素材若大小或表面加工方法不同，便能感覺到色彩確實是靠著與光線間的關係決定呈現的樣子。舉例來說，天然石材或磁磚就是如此。

關於色彩呈現我自己寫下在實務中學到的事，儘管不是專家，許多人透過「觀察」就已經對這類現象有所體驗，這就是地區觀察方法中的田野調查。

慶應義塾大學 SFC 的石川初研究室中，以「從景觀設計的觀點，重新發現身為地區資源的魅力景觀」為主題，實施德島縣神山町地區的田野調查。其調查的程序為「觀察、採集、分類、整理、結構、展示」，用這樣的方法透過徹底深入調查，開始展現連結地區景觀的流程展示，讓未曾到訪的我們腦中描繪出神山的景象。田野調查不可以只是視覺的觀察，從中提取出何種要素，我覺得這樣的視點是重要的。

色彩的田野調查中，藉由數據化的測量色彩，從素材或形體中將色彩暫時分離，究竟「色彩」會對街道的呈現有著何種影響，我嘗試將這些特色描繪出來。並不是形態或規模；用途或設計，而是將「該場合該區域的色彩環境」作為地區或街道的組成要素給抽出與分類，整理之後，再實踐對新計畫的展現。

色彩本身的觀察，直到習慣之前也許都會感到很困難，但請務必嘗試看看。

黑色與街道

　　以熱鬧的表演為目的，採用鮮艷色彩的場合，我認為仿照 III「自然界的色彩構造」，廣泛運用環境中的圖像性要素如移動的事物、暫時性的事物就很好，不過在近年，特別是在都市裡，變得很常見到，即使是熱鬧的場合中也會採用單一色調。

　　在有複合商業設施的公園裡，設有期間限定的快閃咖啡廳，其外觀讓人想到是企業以經營的商品形象為主題的「黑色」。大概看了一下活動網頁，有提供酒精性飲料與使用時令水果的特製飲品。

　　我在早上經過，時間還太早，照片是尚未營業的狀態，但在這裡加上擺滿食物與色彩繽紛的飲料，在椅子上休憩的人們之後，可以推測出會產生動感、華麗的景色。住所或據點，就算是小小的臨時設立的事物（暫時性的圖像要素），也可以成為讓人們的動作或商品更明顯的「底色」，這是我感受到的親身體驗。

Tokyo Midtown, 2010

這個章節中，恐怕是本書中最為曖昧不清、令人感到模稜兩可的項目。

如同「方法論」（類似的事物）這樣的標題所顯示，記述的內容在其他地區或情形中，不保證一樣可以順利進行，多數的場合其他色彩也有很大的可能性，創造出更印象深刻或融入周圍的環境，這也很有可能。

即使如此，我們會透過這類色彩的體驗，嘗試創造與這些體驗相同的效果或情形。

IV

街道與色彩方法論（之類的事物）

40

環境與色彩印象的互相配合

Eitai Bridge, Koto Ward, Tokyo, 2018

二〇一四年冬天,從吾妻橋到勝關橋,對架在隅田川上橋樑的色彩,花了兩天進行測色(見秘訣 74)。這時又再次感受到「水邊與冷色系真的很搭」的記憶。是不是因為比起市區那種人造物體密集存在的環境,水邊的上空寬闊,天空與水的色彩看起來更令人印象深刻,我這麼想。

大規模的工程建築,特別是在單一色彩的情形,具有容易直接傳達色彩的印象特徵。照片中的橋樑是冷色系、高明度。可以看出與環境或素材適當搭配的同時,明亮的基本色適度地調和了橋樑的厚重感。當然並不是說厚重的造型就不適合使用,讓人感到厚重的色彩,不要太過於依賴單一要素,色彩擁有的形象也會讓人更印象深刻。

了解色彩／思考色彩的 50 個秘訣

剛硬的、柔軟的色彩

　　色彩對建築或工程建設能呈現某種心理印象，特別是輕重感、軟硬感。在我工作時，感到影響最大的是主體（骨架）的素材與色彩的搭配。

　　舉例來看，橋的鋼筋是剛硬的素材，如果在這裡使用具明亮柔和印象的暖色系，例如淡紅色或黃色，就會有讓整體重量變輕的視覺效果。相反地，如果使用明度低的冷色系、深藍或深綠，就會強化深沉厚重的印象。

　　當然也要考量與周邊環境間的平衡，無法籠統地只憑對象物的搭配來做判斷，但對象物的面積越大，色彩的輕重、軟硬視覺感影響也越大。

　　除了選擇適合主體重量或質地的色彩，大膽且具相反印象的色彩可以抹去厚重感，這類手法稱作「色彩調節」，使用這樣的色彩心理手法是為了減輕作業負擔，舉例來說裝滿內容物的紙箱外側，塗上白色與沒有上色的原色比較，白色的紙箱視覺感更為輕盈。

　　建築工程因為規模龐大，根據色彩的選擇也可能給予觀者負擔。對「主體的色彩搭配對周邊環境的影響」，加以關心或檢驗，也是善加活用色彩心理效果的方法。

Harunire Terrace, Karuizawa Hoshino Area, Nagano Prefecture, 2013 ╱ 2014

色彩具有多樣的形象。過於依賴易於理解的特性，會與實際的商品或
服務、街道印象脫離甚遠，如此案例不在少數。色彩擁有的形象來自
許多人的共感，但根據經驗或嗜好，也容易有大幅度變化。

長久與色彩相處，我經常覺得比起企業或商品的形象，在該店舖、場
所接受服務時所感受到的氣氛或季節感更重要。

沐浴在夏日陽光中，布幔上閃爍著帶有涼意的白色光影、彷彿被周遭
樹木的紅葉所染色的深度紅色。

有些店從遠處看雖不知是什麼店，卻有吸引人目光與嗅覺的「氣氛」。

引人注目，同時也提高地區魅力的廣告

這幾年發展出從景觀的觀點審查設立戶外廣告物相關的事宜，我開始有許多從事這類工作的機會。戶外廣告跟著印刷技術的發達也隨之巨大化，配合數位看板的發展也更富多樣性。

在這樣的風潮中，比起來訪客人是否從廣告中感受魅力，企業更想提出「再大一點、醒目一些」的廣告，而行政機關認為「無秩序的刊登可能會招致景觀的惡化」，對立或互相找尋妥協點的規範環繞在這之間，長年持續著。過於嚴格遵守規範，會增加行政上的負擔；但若加以放寬，在景觀法定案之後，重點地區曾加以規範的成果會化為泡影。雖然是中庸的說法，戶外廣告物有一定的規範，關於特例要慎重地進行刊登的方法或內容的研究、審查，並為了往後其他案件，適當的在事後將評價儲備下來，我認為這樣穩健的作業仍有必要。

在這種情形中，許多自治體開始訂定關於戶外廣告物的指導方針，引導實踐出適合地區的景觀、創造街道的繁華，同時也兼備精湛印象的「優異設計」。

身為審查相關人員，必須精通法制上的實務情形，同時也要像左頁的案例一般，不只是藉由在戶外設置廣告招攬客人，必須一面解釋提升地區魅力的廣告物應有樣貌，一面尋求更好的道路。

42

熟悉之後才會看見的事物

Minatomirai 21, Yokohama City, Kanagawa Prefecture, 2015

CI（Corporate Identity 企業識別）計畫是把成為象徵的記號（logo）
與色彩做整組搭配反覆展現，藉此發揮出效果讓大眾廣為認識企業或
服務的存在。

這種手法在各式各樣的業種中廣泛展開，滲透到全日本，也因此產生
了不管到哪裡，景觀看起來都一樣的現象。

但近年來持續的證實，不依賴千篇一律的 CI 計畫，一樣能充份地宣傳
企業的目標、方針與形象。

善用歷史與新開發也順利共存的橫濱，到處都選用了適合街道的配色。

尊重長存於該地事物的用色

　　橫濱市是個在都市設計中經常採用先驅性策略，且持續改變的城市。建築或土木、都市設計的相關人士，我想他們是不是有以某些方法來參考橫濱市的案例或成果呢？

　　善用歷史這件事，雖然在許多地區都宣傳其重要性，但針對高屋齡建築如耐震性或維持管理的費用種種觀點，仍是不得不轉變成新的面貌。新建設或新設置的建築，光靠其色彩「類似該地區」這點，就能對在此生活與工作的人們，還有來造訪觀光的人們，傳達出「我們尊重在地歷史街道」，我深信這是個契機，從平常開始就意識到歷史的重要性與街道的組成要素。

　　CI 計畫被認為是種標準化，在何種場所、地區、情形都可以展開整齊劃一的形象，也可以控制廣告物的製作經費，卻難以因應每一個地區。然而即使不改變設計，光靠與周圍物品的色相配合，也可以有相當的沉著印象，靠著控制高彩度色的面積，也可以讓人感到「啊，好像不太一樣」，在人們心中種下這是會關心地區景觀的優良企業的良好形象，我覺得是可以發揮出這種效果的。

　　左頁圖中，若以司機的角度來看，也許有「不太醒目、很難懂」這類的評論。對於各種自治體或企業的應對，在人們習慣為止之前，還要再花上一些時間。

43

不可能在白紙上作計畫

Before

After

Kosyu City, Yamanashi Prefecture, 2015／2016

在都市或城鎮的計畫中，將原地的一切一除而盡是不可能的，即便消除全部再畫出自認完美的繪圖，也不可能由此完結。

把線擦掉、然後再畫，或者再試著改變色彩。不只是加法，有時也要一面做著減法，持續整理景色，考量不同色彩計畫所發揮的可能性。

照片是在山梨縣甲州市所實施的「從車站開始改善景觀事業」，改善前後的模樣。在葡萄田延伸開來的山丘上，將過於醒目的白色護欄外側，透過募集市民志工，改塗成甲州棕（10YR 4.0／1.0.）。

了解色彩／思考色彩的50個秘訣

依照色彩不同的「景色整理法」

　　根據二○○四年定案的《景觀友善的防護柵欄規畫指南》*，「考量景觀＝改成棕色」簡直就像是在何種場合下都很適合一般，擴展到全國各地。但我在各式場合中，給予「這種情形不用棕色比較……」這類建議的機會增加了，實際上包含周邊環境，只要討論對象物應有的樣子，即使不是專家，也會提出「與其用棕色不如用冷色系的低彩度色彩比較適合哦」等，開始會提出這樣的意見。果然，每次的討論或爭論有其必要。

　　在討論色彩上給予建議，並不是從「什麼色彩比較好」這樣白紙的狀態開始，而是整理「周邊環境的條件」，縮小到一定的範圍後，一面加入關係人士的意見一面決定，會產生完成後的認同感，不會偏向非專家的嗜好等，也是為了使意見一致的方法之一。

　　雖然景觀並不只有色彩的問題，即使如此我仍堅信，還有「色彩可以辦到的事」，擁有改變景色印象的力量。左頁的案例，應該對護欄的構造或設計本身做些什麼，也會有這樣的意見吧；但將功能上沒有問題的事物，僅以景觀觀點更換成新的護欄，考慮到地方行政的財政，明顯就不是優先進行的項目。

　　大家應該一起致力於「只有當地才有的景色」此類整理練習，我認為這樣的時期已經到來。

＊二○一七年改訂為《景觀友善的道路附屬設施規畫指南》。

44

使用有戲的色彩

Wuhan City, Hubei Province, CHINA, 2014

我對於撞色這樣的詞彙與呈現有著強烈憧憬。相較平常或許無法嘗試這樣的用色，但實際體驗過後，就會覺得很漂亮、很合適。

然後冷靜沉著地分析為何會看起來印象深刻，我一定也曾在某時某地用過這樣的配色，重溫這樣的想法。

底色整理好、綠色成為重點、互補色的紅色成為撞色來加以襯托……窗戶周圍的白色也成為點綴。

了解色彩／思考色彩的50個秘訣

讓色彩看來印象更深刻的方法

　　紙面限定的海報與傳單等平面設計，或製程已結束的產品，需要滿足「使重點發揮效果」的手法，以此做為重點牽引整體，讓強調的部份看起來更印象深刻，這樣的案例十分常見。

　　另一方面，在街道中看向建築的外觀，做為重點使用的色彩或素材卻常常看起來很「唐突」。我每次都會思考這個矛盾，與左頁印象深刻的案例比較思考後，使用色彩「簡潔」到何種程度才適合？我應該可以大約概述。

　　在街道上遇到印象深刻的色彩時，有時候心裡就會高興起來，心境跟著放鬆。這是察覺到行為一方（這種場合多是店舖）企圖的表演，在不熟悉的街道上也可以感覺到「似乎有人的樣子」。左方照片是中國湖北省武漢市，與在那以前擁有的任何中國印象都不一樣，卻感到莫名懷念的印象。在語言不通、第一次造訪的地方，稍微有點想要在這樣的地方喝茶──不知不覺有這樣的心情。

　　色彩果然是種記號啊。因為色彩而感受到來自店主「請進來看看」的訊息。為了簡單直接地傳達，也許以色彩來決一勝負是簡潔且有必要的。鮮艷色彩的場所是被限定在為位於一樓人群的目光所設計，街道的印象並沒有因此崩解，也讓我感到有所效果。

不停變化的周邊環境

Funabashi City, Chiba Prefecture, 1997 ／ 2019

在我約二十年前負責色彩計畫的集合住宅，因為修復的關係又再次合作。相隔許久再訪，周圍蓋上許多集合住宅與商業設施，街景發生巨大的轉變。

當時認為適合的沉穩柔和印象配色，在時間的流逝下也感到有些美中不足。

在不更改住宅配置或外觀的設計的情形下，看準接下來的二十年，大幅降低彩度，做了明度的充分對比，創造更穩重的印象，我選擇了這樣的色彩計畫案。

以修復為契機，設計出新的標幟，廣泛運用在入口附近與妻側*的標示上，使各棟住宅的識別性更明確。

───────────────

＊ 妻側：日本的大樓建築多為長方形，短邊的兩側即稱為妻側。

了解色彩／思考色彩的50個秘訣

108

因應時代或環境的變化，創造嶄新魅力

再次擔任自己曾經手的色彩計畫修復委託，很幸運得到這樣的機會，一旦長時間在同個領域工作，就會有這類事情發生。近年遇到這種情形的機會也變多了。

累積經手為數眾多的公共集合住宅外觀色彩計畫，與個人住宅不同，維持管理都是由行政或獨立行政法人進行，在數年後更換負責單位十分常見，當十五至二十年後再次修復的時期到來，時常已沒人清楚以前的色彩計畫是由哪個單位或個人規劃負責。

近期一、二年內我曾幸運得到四件為集合住宅「重新塗裝」的機會。其中有三件委託是在對方不知情的情況下再次與我們接洽合作的。

這樣的場合，幾乎所有人都會有點顧慮地詢問：「……不要更改比較好吧？」

但「因為周邊的環境已經改變成這樣，所以就改吧。特別是汙漬很醒目的部份，改成不引人注意的色彩」，我們總是很積極地進行提案。

塗裝與其他建材相比之下，是一種調色自由度極高的加工素材。可以因應當下的時代、當下的環境，來選擇「適當的色彩」，給予富有時間痕跡的集合住宅「嶄新魅力」，我相信這些可能性，並希望繼續加以實踐下去。

由
建
築
以
外
的
要
素
所
帶
來
的
色
彩
①

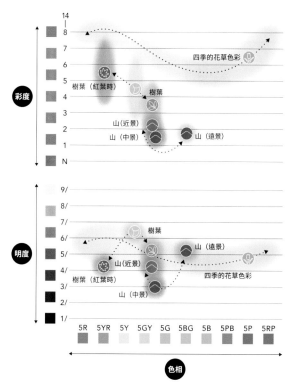

Natural landscape color, 2019

自然景觀的色彩配合季節或距離而變化，時刻變遷。舉例來說，山的綠色在遠景下彩度是低的，接近中／近景時明度會下降。樹木葉子的色彩，即使色彩鮮艷，彩度也會在 6 以下，約 4 左右。

秋天時變紅的樹葉是往 Y 系至 YR 系，漸漸地彩度變高明度下降。試著去看這樣的趨向，可以了解即使在變遷時，也有上下限、色相的一致性等，具備各自的特徵。

舉例來說，「不移動事物的基本色不超過樹木綠色的彩度」，我們會立下這樣的指標，來看清與周圍對比的程度。

了解色彩／思考色彩的 50 個秘訣

給自然變化加上同伴

　　我經常會接到這樣的要求：「用單色或淺色不會太冷清嗎？加些什麼點綴比較好吧？」另外，雖然非常罕見，也曾有人對我說過「想試著玩色」，我想大家果然還是對色彩期待著某些效果。我一面從事處理色彩的工作，一面逐漸感受到人造物體（特別是當下最初不會變動、本身不會移動或大規模的物體）的色彩，會因為周圍的變化而使視覺的呈現跟著改變，因此不用「只」期待人造物體的色彩效果也沒關係。

　　以前曾處理過展示水生動物的公園設施修復案，原有建物的外觀色曾是鮮明的淺色，但在綠意盎然的公園中，給人稍顯唐突且過於強調人造物體的印象。由於設施的周邊有許多落葉樹，將外觀色改為自然界基本色中也有，沉穩的暖色低彩度色彩，隨著底色色彩的變化，使秋天的紅葉變得看起來更印象深刻，我曾收到這樣的回饋。

　　大規模人造物體的色彩，就算不想要主張或象徵什麼，也會因為周圍的變化而創造各式各樣的表情或印象，我想這對環境來說是帶有正面效果的吧。

　　大自然雖偶爾發揮它凶猛的一面，但日常生活中，它也讓我們切身感受到季節與時間的變化，是重要的存在。這樣的色彩點綴，數千數萬年人類的生活中，從未改變地反覆進行，令人感到不可思議且毫不厭倦。

47

由建築以外的要素所帶來的色彩②

Shinji Ohmaki "Echoes Infinity 〜 Immortal Flowers 〜"
Tokyo Garden Terrace, Chiyoda Ward, Tokyo, 2016

街道上偶然見到了令人吃驚的色彩。

設置於千代田區紀尾井町，再開發區域廣場中的公共藝術，是當代藝術家大卷伸嗣先生的作品。

在調性沉穩、質地堅硬，人造化印象的街景中，藝術的鮮艷色彩更增添點綴。因為在地鐵出入口附近，這件作品成為當地的新地標。

不論是作品周圍的行人，或坐在水池邊休憩的民眾，這些時刻變化著各種動作的行人們，也與藝術品給街道增添了點綴。

了解色彩／思考色彩的50個秘訣

可以襯托都市的色彩

　　城市中的高樓有著無彩色化、高明度化的趨勢，我數年前於東京都內我們曾進行過廣泛的色彩調查，當時就已經得知這樣的發展，在這樣的趨勢中，因為綠化的推動而確保整合好的綠色系（綠地、路樹），並形成了建築相互襯托自然綠意環境這樣的面向。

　　運用玻璃或金屬等素材以中立的色調統整成的街景，與自然的綠色所創造的色彩環境，對於城市裡工作、生活的人們而言，帶來舒適感受，然而新的街道印象會形成相似的事物，造成難以看出場所個性或特徵的現象。

　　這種情形中，我感到作為創造都市嶄新個性的要素，設置在高樓建築腳下的公共藝術品，是接近人性的尺度規模，在無彩色、高明度色不停增加的都市中，給予「適當的色彩數量」。

　　立體的公共藝術能以各種角度欣賞，因此經常讓我們看到多樣的表情，這也是其特徵。走在路上的行人視線、成為地區地標的公共藝術，允許在公共空間大膽自由地運用色彩，也許這是藝術家的特權吧，我羨慕的想著。

厭倦與不厭倦

Omotesando, Shibuya Ward, Tokyo, 2010

有生命的事物會具備鮮艷的色彩，仿效這樣自然界的色彩構造（見秘訣32），就能充分理解為什麼施工用的臨時護欄如此地鮮艷、引人注目。暫時性地給予穩定印象，再變化成原本的樣子或全新的姿態。簡直就像是生物脫皮的過程，配合季節或自我狀態來改變自身的色彩。

無論街道還是都市都充滿生命力。

想像時間的流逝

　　如同不同時代之間流行的更迭，變化與我們息息相關。新的商業設施如果建成，媒體會前來採訪因而形成話題，也會在建築雜誌裡不停看到新的住宅或辦公室登場。對於現代社會資訊的速度，可以感到事物或街道的消費期限，其更新、刷新的速度不斷加速。也因此我增加了許多機會從事各類計畫，例如集合住宅的修復是按計畫有規劃性來實施，所以外觀色的更新是以十五至二十年為一期循環。修復時觀色的選擇，已先想像未來的樣貌。有關時間流逝的周期也可以說是塗裝擁有的壽命周期吧。

　　包含周遭的變化，要預測未來非常困難，但回看過往同等時間的變化就相對容易。我將過去所計畫過的案件每隔數年就確認一次，或觀察長哪個場所、部位容易歷經長年變化，因此我能掌握是否有必要選擇何種「色域」。此外，對於長時間而言，在選擇「不會看膩色彩」的這個觀點上，創造穩固的底色（成為基本色）是重要的，對於在環境中不會移動的事物，不要追求過多的色調，這樣的態度我想是必要的。

　　另一方面，厭倦與不厭倦這樣的感情，依照年代或經驗也會有所不同，並不是說厭倦就是不好。抱持著「人類，基本上就是容易厭倦」這樣的想法，對於容易創造變化的部份，積極地去製造變化，似乎才會有創造的可能性。

"KANNAIGAI OPEN!8"，Yokohama City, Kanagawa Prefecture, 2016

從事關於都市或街道的工作，色彩總做為熱鬧表演的要素被動員起來，舉例來說，我常常被要求：「沒有戶外廣告物就感受不到熱鬧」、「用色要更熱鬧」等。

在空間或環境上，色彩所創造的「熱鬧程度」確實歡樂，感受到其魅力，但若只採用大量、鮮艷的色彩，在暫時性的呈現或表演上有效果，與該場所或地區的持續性繁華（如活動）較難以連結。

舉行熱鬧非凡的各類推廣活動，藉由進行這樣的空間創造，我對於營造出色彩鮮艷的環境感到非常有興趣。

色彩是否能創造熱鬧的活動

　　繁榮說到底還是人類活動造成的產物，對於「熱鬧」的色彩呈現，我想最多只是形容或比喻性的。鐵門深鎖的商店街，因為太冷清就畫圖「增加熱鬧」；因為是很少人經過的道路，所以在舖面上畫上某些圖樣「增添熱鬧」，我也曾接過這樣的委託案。

　　鐵捲門的繪畫要考量地區性的主題，設法在製作的過程包含流程，都發展出話題性，下足功夫，期望讓造訪的人感到開心，也連結到地區的持續性活動，雖然效果值得期待，但「不管怎樣只要彩繪就會變得熱鬧」的觀點一定要避免，不要變成最終的目的。

　　如 III「自然界的色彩構造」中所記述，在自然界中鮮艷的色彩是由「具生命的事物擁有」（見秘訣32）；自然界中仍有「靠鮮艷色彩來吸引其他生物」這樣的物種特性。如果是花卉就是為了促進授粉，昆蟲或鳥類則是為了吸引異性，目的雖然不一樣，但「引人注目」就是主題這一點不變。也可以轉化為某個場所有其特有的色彩，所以人們會聚集或容易聚集。因為有記號，場所就產生繁榮，也有這樣的案例吧。

　　但這種「引人注目」的效果多半只是暫時性的。採用鮮艷色彩的場所是常設的或是臨時性的，要一面考量兼顧使用時間，一面創造持續性的繁華與變化。

50

注目性的層級

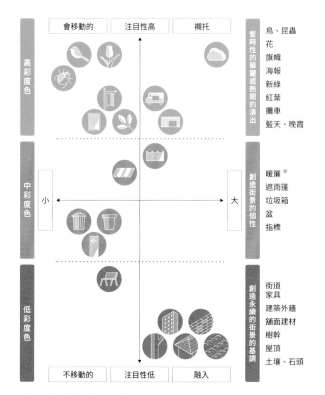

Hierarchy of visual attraction, 2019

擬定計畫時，成為對象的要素在環境中應該會被放在何種位置？在色彩的討論或選擇，我會思考這些事。

上圖被稱為「注目性的層級」，縱軸為要素會變動的事物（圖像）、或不動的事物（底色），橫軸是把面積大小放在應有位置，嘗試將這些形成環境的各種要素與關聯性可視化。

舉例來說，在工地的前面有銀杏（變動的色彩），就要想辦法讓不移動事物的色彩，不超過葉子變色的明度或彩度。色彩的變化只要交給它們（變動的色彩）就好了。

這是在進行各項檢驗時其中的指標之一。

＊ 一種掛在入口處的小布簾，日本商家會在上面加上店名或家紋，用來表示商號或商標，也使其成為一種信用度與名聲的象徵。

尊重事物的優先順位

我們為了呈現出環境色彩計畫的視點，經常會使用像左方的圖片。所謂的「注目性」是指，色彩吸引人的目光「程度」，一般來說暖色系與高彩度色被認為會比冷色系與低彩度色彩的注目性來得更高。例如，想要讓自然的綠看起來印象深刻，若是鮮艷的暖色系擁有與綠色相等的份量，綠色的注目性就會下降。

在商議建築或工程設施的色彩場合中，周圍擁有何種色彩環境，在環境整體中對象「看起來如何呢？」，釐清這點相當重要。將計畫的對象視為環境要素，考量「色彩層次分配層級」，做好歸納與分析可以說是為了擁有共識的工具。

這個工具不只在擬定建築或工程設施的色彩計畫方針使用，在戶外空間的鋪設或各種設備、設施的色彩商議也負責重要任務。新設置的設備或設施，「為了讓人認識」它的效果或功能，容易使用主張強烈的色彩或與周圍對比強烈的色彩。另外以地區的名產、特產品為主題，將其印象色廣泛運用在設備或設施上，這樣的案例在某個時期各地可見。

絕不是說在建築或工程設施、公共設備上，不可以使用具特徵的色彩。不過如果只為引人注目，將地區的主題放到各種場所而受到讚許，但在執行之前，首先要將「在環境中對象物所處位置」明確化，在這之中「最應該尊重何者呢？」，這類的檢驗才是理所當然的，不是嗎？

Part 2

精通用色的基礎知識與基準

選擇色彩、審查配色時，不是胡亂地「上色」，而是事先理解色彩的結構，或視覺呈現的特性，可以避免「誤解或錯覺」。

雖然市面上有許多配色的案例集或參考書，但從事「建築、土木設計或善用色彩的景觀造鎮」等工作的人員，最低限度至少先學會這些，就有辦法因應。本書會將項目集中至這類最低限度的範圍。

V

基本色的構造

何謂表色法

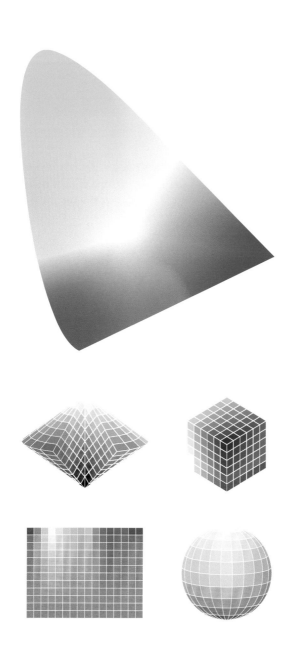

精通用色的基礎知識與基準

Color system, 2019

要求色彩的正確標示

恆長的人類歷史中，直至今日，許多研究都以各種方式嘗試「標示色彩」。

由許多要素組成的色彩，要如何數據化並讓人易懂的標示它呢？據說在十八世紀工業革命之後，這類研究就大幅發展。舉例來說，打算大量製造產品時，在一定範圍內共同語系地區相互交談，所謂「沉穩的紅色」的合理呈現，很可能無法在溝通的過程中相互理解並開發管理，色彩難以用文字精準定義，造成各式各樣的錯誤。

嘗試正確表示色彩，在進入二十世紀後發展出數個擁有國際共通性的方式，發展出色彩的調和理論使溝通更正確也更淺顯易懂。回顧研究的歷史，對於研究本身的興趣與熱情，原本就是在時代或社會的需求下被激發出來的不是嗎？

如同世界地圖有麥卡托投影法與正方位等距投影等，有各式各樣的方法，在二次元的轉換下，面積或距離都會在某處產生矛盾，是其特性。色彩中多樣性的表色法，為了彌補矛盾而併用了各種不同特性，在這一點上不也非常相似嗎？

二〇〇六年開發出一種稱為 AuthaGraph 的世界地圖新製圖法，據說可以做更正確的標示。表色法也是，也許還有可能找出更正確的標示方式也說不一定。

曼塞爾色彩系統

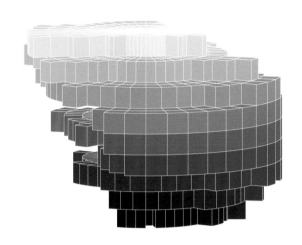

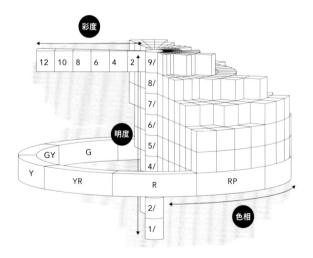

彩度

| 12 | 10 | 8 | 6 | 4 | 2 | 9/ |
| --- | --- | --- | --- | --- | --- | 8/ |

明度

GY　　G

Y

YR

R

RP

色相

2/

1/

精通用色的基礎知識與基準

Munsell color system, 2019

萬用性高的色彩標準

在各式各樣的表色法中，被 JIS（日本工業規格）所採用，現在仍最為廣泛運用在色彩管理與標示上的，就是「曼塞爾色彩系統」。

將色彩分解為三種屬性「色相、明度、彩度」，藉由其組合可以顯示出固有的色彩。

所謂曼塞爾是指人名，他是美國的畫家同時也是美術教育家。在一九○五出版的《色彩的符號》中，仔細深入並淺顯易懂地解說了他的理論。

曼塞爾色彩系統也被稱為曼塞爾表色法（將物體色彩按順序加以排列，用合理的方法或計畫加以標準化的表色體系），如同名稱一般「系統化」是其最大特徵。

表色法的運用方法之一，就是有如「標準」一般的「測量」（見秘訣 88）這樣的用途。標示物體的色彩就不在話下，測量某色彩到某色彩之間彼此距離，藉由進行色彩間的比較檢驗，從其差異的程度來創造具和諧感的配色，對這一點也有相當大的助益。

但曼塞爾色彩系統作為一種表色法也並非完美之物。依色相或色調不同，最高彩度的數值也各異，因此如左圖中曼塞爾色彩系統立體圖會產生「變形」。因為要將視覺性的等距離設為優先，所以即使彩度數值相同，色相不同，感受到的鮮明程度也不同。這就是「變形」帶來的負面要素，但若能留意這點，也可以事先估計感受到的鮮明程度與差異，再加以計畫。

53

色
相

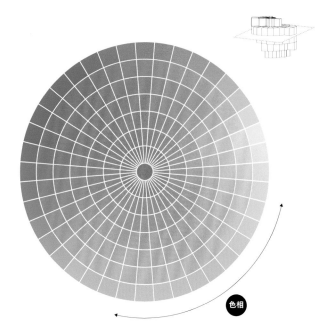

色相

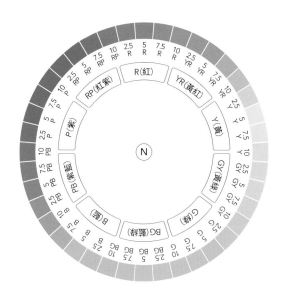

Hue ring, 2019

成為配色基本的色調

　　曼塞爾色彩系統中，以十個色相 R（紅）、YR（黃紅）、Y（黃）、GY（黃綠）、G（綠）、BG（藍綠）、B（藍）、PB（藍紫）、P（紫）、RP（紅紫）為基本。再將各色相一分為四，各自分配成數字 2.5、5、7.5、10，例如紅色系的情形，就會標示成 2.5R、5R、7.5R、10R。

　　以曼塞爾色彩系統為準則的「JIS 標準色票」中，採用了將此十個色相各分為四類共四十個色相，全部由兩千一百六十三色所組成。

　　色相就如同左圖的「環」，與相鄰接的色相擁有連續關係性。越接近右側色相數值越大，10R 的下一個就是 2.5YR。

　　不帶有色調的無彩色，沒有放入環中，而是放置在中心點。取無彩色（Neutral）的首字母 N 加以標示。各色相的中心（紅色就是不接近紅紫也不接近黃紅，純粹紅色）以 5 表示。5R、5YR、5Y、5GY、5G、5BG、5B、5PB、5P、5RP 為各色相的中心色。

　　為了將色彩「充分發揮作用」，首先一定要理解，色相會像這樣在「環」狀上擁有連續性色調，階段性移向相鄰的色相，這點非常重要。色相也是成為各式各樣形象基礎的「色彩性格」。

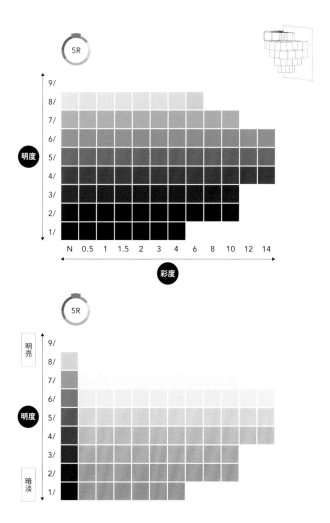

Value chart, 2019

因光的反射、吸收造成的明暗度變化

明度是明與暗的尺度。

在曼塞爾色彩系統中，將最理想的黑色標為 0，最理想的白色標為 10，在這之間標示出十一個階段。

所謂理想，以黑色來說，0 指的是完全吸收掉光的色彩，物體色中一般不存在*這樣的條件。因此在曼塞爾色彩系統的標示中，明度下限為 1、上限為 9.5。JIS 標準色票刻度是 1.0，而在日塗工的色票本中則細分出 0.5 的變化；除此之外，近年無彩色系或一部份的高明度色中有明度 9.3 或 8.7 等，刊載了更多樣化的色彩，對於高明度（明亮）色的要求特別提升，或供更細緻的靈活運用。

在建築或土木的世界中，對象物的規模比較大，特性上對象物所具明度的印象會給予周邊環境莫大影響，進而又影響自己。

後述的〈色彩的視覺特性①〉（見秘訣 57）中提出，不該只靠個體單色的視覺呈現，必須看清底色與周圍事物的「關聯性」，這相當重要。

---

* 一般認為完全吸收掉光的物體色不存在，但近年開發出 vantablack（奈米碳管黑體）特殊塗料，可吸收 99.9 以上的光線。

彩
度

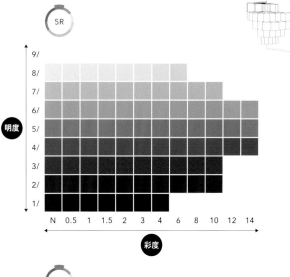

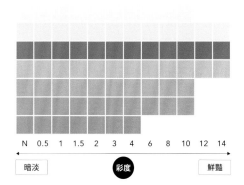

Chroma chart, 2019

鮮艷與暗淡、華麗與樸素

　　從不帶有色調的無彩色開始隨著數值提高，增加鮮艷度，稱為彩度。

　　在曼塞爾色彩系統中，因色相不同，最高彩度（純色、原色）的數值也不相同，舉例來說，5R（最純粹的紅色）的明度 6 這一區，最高彩度有到 14。曼塞爾色彩系統標示成「5R 6 ／ 14」。

　　數值越高越鮮艷、予人華麗的印象。相反來說數值越低越暗淡，與中、高彩度色比較，容易予人樸素的印象，為其特徵。

　　鮮艷的色彩本身就擁有高度吸引人目光的性質，與低彩度色、高彩度色兩相比較，無論如何目光都容易看向鮮艷的那一邊。

　　經常使用的色彩範圍，我想會因專業領域而各異，不過用於建築或土木，會集中在彩度 4 以上的暖色系、彩度 2 以下的冷色系，尤其是暖色系特別常見到 0.5 至 1.0 程度的色彩。因此，日本塗料工業會的標準色票本中，當被用於外觀色的低彩度色彩，許多都以刻度 0.5 做標示。JIS 標準色票的 5G（綠色系）的情形，最高彩度只有到 10。以標示或管理等為目的的 JIS 標準色票，比起用於印刷等其他色票，可以呈現的鮮艷程度，不少最高彩度的數值還是偏低。

　　近年因為技術的發達，使得顯色良好的色彩得以再現，因此在戶外使用鮮艷色調也變成可能。

色
調

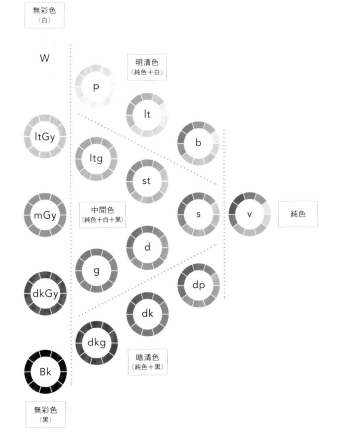

無彩色
（白）

W

明清色
（純色＋白）

p

lt

ltGy

ltg

b

mGy

st

中間色
（純色＋白＋黑）

s

v

純色

d

g

dp

dkGy

dk

dkg

Bk

暗清色
（純色＋黑）

無彩色
（黑）

無彩色
W （White） ······························· 白
ltGy （light Gray） ··············· 淺灰色
mGy （medium Gray） ········· 灰色
dkGy （dark Gray） ············· 深灰色
Bk （Black） ···························· 黑色

明清色
p （pale） ······························· 薄的
lt （light） ······························· 淺的
B （bright） ···························· 明亮的

中間色
ltg （light grayish） ········· 淺灰調的
g （grayish） ······················· 灰調
st （soft） ···························· 柔和的
d （dull） ···························· 暗淡的
s （strong） ························· 強烈的

暗清色
dkg （dark grayish） ················ 白
dk （dark） ·························· 淺灰色
dp （deep） ·························· 灰色

純色
v （vivid） ····················· 鮮明、鮮艷

Tone chart, 2019

以配色研究為前提的色彩分類

　　曼塞爾色彩系統中，藉知覺做等距刻度的數值設定，依照色相不同，最高彩度不盡相同。各色相中以數值顯示最高彩度的差異，即使相同，彩度依照色相不同，色彩印象也不一樣，透過不同使用方式會產生這樣的矛盾。

　　色調——色彩的調性，是組合色彩明度與彩度的概念，顯示「色彩的強度」。一九六四年日本色彩研究所曾研製了一款名為 PCCS 色彩系統（Practical Color Coordinate System）的色調圖，左頁的色調圖正是以此為基準製作。PCCS 不拘泥於知覺性的等距離，「外表的印象」將看起來相同的明度、彩度，分成十二個群組色調，將這樣的概念與色相加以組合，就可以靈活運用在根據色彩調和理論的配色教材上。

　　色調可以設定出個別的形容語句，這是它的特徵，便於制定一個標準，舉例來說想要用「鮮明」色調組成，使用有活力的色調色群就是捷徑。

　　以曼塞爾色彩系統為首，為了表示色彩的系統結構，將色立體調整成平面的標示，有其部分瑕疵。色調以融合明度與彩度要素的分組想法，我認為這會成為一個契機，去解開複雜事物的視覺，並使色彩的組成要素易於理解。

色彩的視覺特性①

以上四張圖中央的三根灰色線條，都是相同色彩。
受到底色影響，對比後有些看起來暗淡、有些看起來明亮。

三根線條，左邊白；右邊黑，上下都是相同色彩。
試著相互比較，就能理解底色的正方形色彩會受到線條色彩的影響。

精通用色的基礎知識與基準

Simultaneous contrast of colors, 2019

色彩之間發生的事

色彩的視覺效果，來自色彩與周圍或底色的相對性呈現，即使「心中打算」看著單色，也無法判斷單獨的視覺效果。我認為這就是色彩最具象徵的特性。周圍色彩改變，對象物的視覺呈現也會改變。相互影響是色彩有趣之處。

雖然好像有些囉嗦，但色彩就是這樣：「視覺呈現多變。」即使在相同地點看相同色彩，只要照明的光源或背景有所改變，對象物的視覺呈現就會改變，因此在這裡加上因光澤或質地造成的陰影後，容易誤解為「不可能正確掌握色彩」。

理解視覺呈現，以此當作根據，才會再判斷或決定色彩時有信心。

至今我仍會思考色彩與周圍或背景事物的對比與搭配，以判斷色彩的視覺呈現或效果，這非絕對，卻最足以說明判斷或決定理由，讓人挺開心。

58

色
彩
的
視
覺
特
性
②

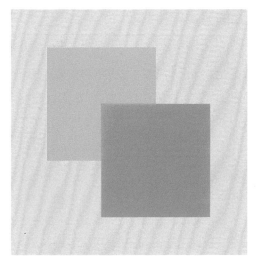

暖色系與冷色系中，暖色系算是前進色（並列時，看起來會往前突出）。

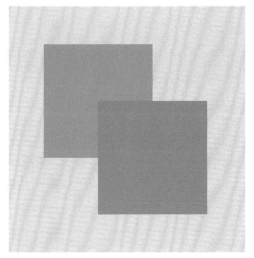

當明度相同，低彩度色與高彩度色比較，彩度較高者是前進色。

Advance and retreat, 2019

精
通
用
色
的
基
礎
知
識
與
基
準

前進與後退

　　知道色彩的視覺特性，就能發揮各式各樣的效果。

　　舉例來說，明亮色彩（高明度色）與暗淡色彩（低明度色）相比下，特性上會看起來略前，低明度色則稍後。

　　這類特性在你我身旁也常被活用，例如道路上的白線或交通標誌，都可說是最佳案例。

　　色彩的視覺呈現皆有與之比較的對象，才得以發揮出效果。甚至，與比較對象的「對比程度」會讓視覺呈現產生各式各樣的影響；也可以說是藉由控制對比程度，來縮短或拉開對象物們的距離。

　　舉例來說我們曾試著在建築的外觀色彩上發揮如此效果，深處牆面配上拉低明度的色彩，前方欄杆牆或室外樓梯等配上提升明度的色彩，執行配色後，「後方與前方」的景深感會比在同色的情形下更明顯，也可以清楚看出立體感與陰影（見秘訣 22）。

　　話雖如此，並不是說與這相反的配色就行不通。在欄杆牆或室外樓梯全面採用高明度色，根據材質也有可能讓長年變化造成的汙漬更明顯。考慮視覺呈現特性所帶來的效果，將對於加工的功能面有何影響，尤其是塗裝的場合要特別留意這一點。

色彩的視覺特性③

日塗工色本（口袋版）14mm×50mm

名片大小 55mm×91mm

精通用色的基礎知識與基準

Study, 2019

小的色彩、大的色彩

二十幾年前，我還是新手時曾經負責一項計畫，將幾位建築師選好的色彩加以綜合性調整。那時沒有電腦軟體可以使用，建築師會親自從各式各樣的色票中，選擇已設計完成住家的外觀色，並用乳膠漆來製作小色票與同色的大色票，這個階段起工作就開始了。

為了要試著確認與隔壁棟建築間的平衡，一次製作好幾張 B3 尺寸的色票，使用 1 ／ 100 的圖面將色票切割出立面，窗戶等也貼上灰色的紙，彷彿是製作如剪紙般的彩色立面圖。

將建築師們所選擇的色票忠實地再現於彩色立面後，會議中卻時常得到這樣的反應——「我沒有選這種色彩！你弄錯了！」至今還清楚記得，曾是新人的自己冷汗直流的模樣。我提心吊膽的拿來原先的色票與彩色立面比較，是一樣的！在大家確認過後，全體人員還是齊聲說道：「但不一樣就是不一樣；這不是我想要用的色彩。」

這就是色彩視覺呈現的特性之一。即使是相同色彩，依據大小不同看起來的樣子也會改變。小張的色票，比起大面積來看，明度、彩度在視覺上都會提升，因此時常自然選到「明亮、華麗的」色彩。

雖稍嫌麻煩，但若能理解其特性，就能找到因應方法。小張的色票最多是作為備用，詳細的討論還是要準備大的樣本，用接近實際的的視覺呈現來加以檢驗會比較好。

何
謂
調
和
的
配
色

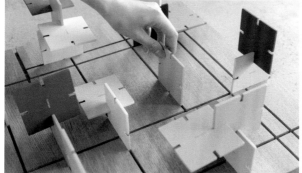

本書執筆的契機，是武藏野美術大學基礎設計學五十周年紀念展「設計的理念與形成：設計學的五十年」，其展出的色彩模型與小冊子《色彩的手帳：50 個提示》。著色後的二十五枚拼圖板都是 10YR 系，無論怎樣加以組合，都可以組成色相調和型的配色。

Color model, 2016

讓調和的「型態」充份發揮作用

色彩調和如同音樂和弦，有形形色色的類型。

關於二次元配色或網頁設計，歸納配色規則、設計手法的書籍已有許多，這些方式均廣泛靈活的被運用。善用專門的配色技術為個體對象物創造調和並非難事。

這類「專門的配色技術」難以適用於建築或工程設施，主因在於規模龐大的對象物與周邊環境間的關聯性、對象物的使用方式或製作目的等，甚至是各地區、場域、當地生活使用者之間的關係，這些難以切割的因素使得建築、工程設施的顏色選擇更為複雜。以上的色彩思考，我們要以實際被建置的環境狀態做評估。

雖說如此，並非沒有便於與周邊形成協調的做法。在許多國家的街道、建築或工程設施進行測色，得到容易與周邊調和的印象配色的幾個形態，我認為大致可以彙整成以下三種：

第一種是色相調和型：這個模式是為整體的色相找到一致性（見秘訣11）。

第二種類似色相調和型：如黃紅系至黃系等相近色系，以相鄰的數種色相加以整合。

第三種色調調和型：色相即使相當多樣，以色調加以整合的模式。

順帶一提，所謂調和容易給人一種「均一」、「統一」的印象，但在色彩學中「對比」也屬於調和的一種。成為基調的部份，用色相調和整合，在這之中讓明度的對比產生效果，也可以考慮以對比作出調和的變化。

色票的種類與活用

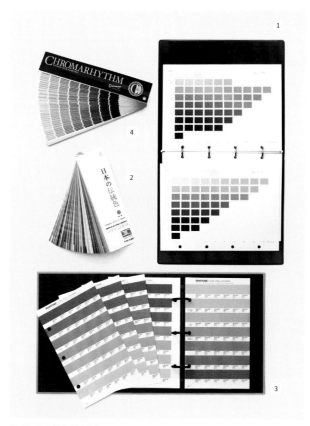

1)《色彩的標準 擴充版》
2)DIC 色彩指引《日本的傳統色》
3)《PANTONE SOLID CHIPS （Uncorted）》
4)日本塗料股份有限公司《CHROMARHYTHM》

精通用色的基礎知識與基準

最大限與最小限之必要

〈只要有了這個〉（見秘訣 01）中提到，使用色票的目的為色彩的選擇與指定，以及測量比較檢驗這二項。據說人類擁有分辨約七百萬種色彩的能力，從這點思考，將可辨認的全部色彩重現於色票，既不可能也欠缺實用性。

色彩是無法數盡、測盡的，以此為前提，靈活運用市售色票就已足夠。

在秘訣 01 中介紹日本塗料工業會發行的「塗料用標準色票本」，就是最小限的代表。

日本色研事業所出品的《色彩的標準 擴充版》*是以 JIS 標準色票為準則，將其中分類的四十色相以明度、彩度系統性整合，對負責景觀協議的行政窗口、設計教育人十們來說，都極為實用。

在繪圖或商品設計的領域，長久運用的 DIC 色彩指引，做成可撕式的小卡，或附上油墨配方與 RGB 轉換值，所以從配色的商議到指定都能全部網羅，對相關從業人員而言是值得感謝的工具，也是市售的色票中，最大限的色數色票了。

雖然 DIC 色彩指引的最大魅力是色彩眾多，但若已習慣曼塞爾色彩系統這種單純的體系，欲有組織地選色上會稍顯困難。

＊日本色彩研究所監修《依據曼塞爾色彩系統：色彩的標準 擴充版》（日本色研事業、2014 年）

綠色與街道

　　綠色在 JIS 規定的「安全色、識別標示色」中被定義為「安全、避難、衛生、救護、保護、進行」，比其他色擁有更多含意。例如黃色就只有注意，綠色以外涵義第二多的紅色也只是防火、禁止、停止、高度危險這四種。在公共空間裡，綠色交通標識數量排名第一，也時常見到仿照安全色、識別標示規定的配色。在工地現場不可欠缺的安全注意提醒，長年使用著稱作「虎紋（條紋）」的黃黑配色，但近年也可以看到樹脂製單管護欄路障，以綠色或粉色為底，中間為卡通人物等各式設計的產品。在容易令人感到雜亂的工地現場，企圖達到親切的目的以及使建設業的形象提升，也讓周邊工作環境的視覺達到更好的狀態。

　　將這些視為移動的色彩、暫時性的色彩，設計的多樣化是合適的，但為什麼就必須是鮮艷的綠色呢？我覺得物品擁有的功能、用途、目的會各自朝向不同的方向。

Tokyo, 2009

測量大眾知道、去過或想參觀的建築物和工程設施外觀色，思考這類設施使用的材料和色彩如何影響環境。其中有博物館和複合式空間等收費設施，我盡量選擇任何人都可以參觀、造訪的空間。從測得的數值中，可以讀出色相、明度、彩度，所謂色彩擁有的三個屬性，但數值本身並不重要，將其作為標準，作為了解周圍環境和其他建築材料「關係」的線索。

＊ 因為我是目測測色，數值僅供參考。同時請注意，每個案例都是我從色彩的角度自己詮釋，並不反映原設計師的設計意圖。

VI

可當基準的建築色彩與數值

十和田市現代美術館

Choi Jeong Hwa "Flower Horse"
TOWADA ART CENTER, Aomori Prefecture ／ photo:2018

入口前色彩繽紛的巨大馬型雕塑，面對公車道
注視路上的行人，這是座位在街角的美術館。

美術館總給人「設施規模龐大」的印象，但這
座十和田市現代美術館是由數個小尺寸的「箱
子」連接組成，從大大的開口處可以清楚看見
內部的樣子與作品，相當吸引目光。

設計師西澤立衛先生所創作的建築常使用白
色，但實際測量外觀後是 N8.5 度，是比想像
中更「溫和」的白。藉由運用的素材或周邊環
境間的影響，讓我因此感到它綻放出比實際數
值更「純白」的印象。

N8.5

與華麗當代藝術相得益彰的白

外觀使用的金屬板同時也運用在屋頂。沒有接合用的金屬配件或擋雨用的笠木＊壓條，形成相當簡潔又俐落的結構。

輕巧型態搭配明亮外觀，令人有種以紙盒組成的視覺感。金屬板因為在工廠成型、塗裝，表面十分光滑均一。明度 8.5 程度的白色讓人感到比實際的數值還要明亮，主要的原因來自表面平滑度的影響。除了平面會提高光的反射率，另外藉由光線照射，看起來也增加了些光澤感。

如圖所示，受光面與處於陰影中的面，會因光的強度對比也跟著變化。

不只限於明度 8.5 程度的白，色彩會因素材而使視覺呈現有所變化，這是色彩的特性。進行測色的時間是九月，草坪的明亮綠色與前景櫻花林蔭大道的深綠色，還有色彩繽紛的藝術品，都讓人感受到是由白色的外觀將其映襯得更鮮明。

若要為白色分類，至今我一直認為在環境中是屬於圖像的要素，加之與周邊建築的色調相比，很難以是屬於「底色性的」，但似乎有著在圖像與底色之間來回移動的可能性。像這樣在圖像與底色間的往來，十和田獨有的四季變化也許會對這產生影響。下次有機會，我想在雪景中欣賞這座美術館。

＊ 笠木：日本建築用語，指的是蓋在屋頂或女兒牆的最上方構件，功能是蓋住下方構件的所有接縫，不讓雨水滲入，類似雨天戴的斗笠，因此稱為笠木，在今日即使是金屬製也稱為笠木。

東
京
都
美
術
館

TOKYO METROPOLITAN ART MUSEUM, Taito Ward, Tokyo ╱ photo:2019

上野公園內被綠意包圍的美術館，由前川國男
設計的美術館在一九七五年完工。外觀採用
「預鑄法磁磚」工法，牆面的磁磚不只是為了
保護表面，甚至與混凝土牆面合為一體，營造
出建築整體的堅固感。

在二〇一〇至二〇一二年進行大規模整修，館
內放置的沙發、座椅顏色豔麗，各種顏色穿插
擺放，色彩繽紛，據說這種獨特的配色也是以
落成當時為範本來加以重現。試著在周邊散
步，從外部也可以窺見樓梯間延展開的繽紛用
色。與外觀是否帶有色調無關，內部的色彩紛
呈令人看來印象深刻，也成為令人愉悅的點
綴。

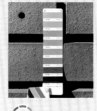

精通用色的基礎知識與基準

燒製過後微低明度的紅色

　　磚色的磁磚是 10R 3.5 ／ 4.0 度。即使在 VII「可
當基準的素材色彩與數值」中即介紹到紅磚（見秘訣
81） 的色彩，也屬於偏暗的種類。石質磚是以高溫燒
製進行燒結，吸水率低。在美術館這類設施中，會選擇
可以長時間抵擋風雪的素材，明度稍低的紅色，即使在
冬日微弱的陽光中，仍將周圍的綠意映襯得印象深刻。
雖說低明度，與高明度的物品相比之下，明度也只差 1
度，但整體因為明度稍低，而顯得沉穩，彩度所帶有的
華麗感或色相的形象都有所緩和，產生此印象。隔著玻
璃可以看見內部裝潢使用繽紛鮮豔的色彩，或紅或黃、
或綠或藍，無論何者都融入外觀的磁磚色彩中，成為色
彩點綴的同時，卻也不可思議的沒有過於華麗。各個色
彩被巧妙控制住明度，我想這就是原因吧。

　　在《前川國男・徒弟們的談論》中，有這一段記述：
「前川老師不用色票比對，是用許多詞彙呈現來傳達色
彩印象。」*在強調色中使用了四種顏色，意圖使建物
與整體達到色彩調和，這樣的用色反映出曾在師父柯比
意的工作室中見過、學過的記憶。

＊ 前川國男建築設計事務所 OB 會有志《前川國男・徒弟們的談論》（建築資料
　研究社，2006 年 p.100）

Hillside Terrace C 棟

HILLSIDE TERRACE C, Shibuya Ward, Tokyo ／ photo:2019

Hillside Terrace 中的建築，印象都是由清水模配上白色系馬賽克磁磚，但細看 C 棟，則是噴塗上色，而且是雙色。

2.5Y 7.0 ／ 1.0 程度的底色上，鑲嵌著稍深棕色的 10YR 4.0 ／ 2.0 程度。

表面的細緻凹凸與稍帶黃感的淺灰，隱藏在這些背後的棕色製造出的陰影，讓人感受到難以言喻的自然表情與深度。

2.5Y

| | N | 2 | 4 | 6 | 8 | 10 | 12 | 14 |
9/
8/
6/
4/
2/
1/

2.5Y 7.0/1.0

考量周邊環境後的雙色噴塗

　　沿駒澤通行走在鎗崎十字路口左轉，從舊山手通直到國道二四六號為止，沿路可見建築師槙文彥先生所設計的代官山 Hillside Terrace。

　　遠看 C 棟外觀，會覺得是清水模工法製作的牆面。我直覺以為就是這樣的工法了，但靠近一看，卻看到兩色交錯的石紋噴塗。噴塗做為建築外觀的施工建材相較廉價，也是一般住宅較常採用的施工方法。為什麼要採用這種雙色噴塗呢？我做了點調查。

　　「首先影響計畫的，是北側前方道路的交通量急劇增加。（中略）須保護居住者遠離噪音、廢氣。」[1]

　　「當時，外牆預定使用清水模與氟素樹脂，但在第二期建設時，A 棟與 B 棟一起變更噴塗磁磚。」[2]

　　從記述中可以猜測出，是擔心清水模會被車子的廢氣所汙損，不採用單、淺色而是選擇了稍微調低明度、產生自然陰影的雙色噴塗工法。

　　Hillside Terrace 計畫，經過二十五年分為六期的時間中，形成豐富街景。這種「每個時代最佳解」的想法，在街景上產生適度變化與適當繁華，不會隨時代的流行變化而消逝，我感到這可以持續吸引許多人的心。

---

[1] 槙文彥、Atelier Hillside 編著《Hillside Terrace 白皮書》（居住的圖書館出版局，1995 年）p.151
[2] 同上述書，p.155

Hillside Terrace D 棟

HILLSIDE TERRACE D, Shibuya Ward, Tokyo ／ photo:2019

磁磚的色彩是 5Y 7.5 ／ 0.8 度，明度是 7.5
度，所以不如想像那樣「白」，感覺是偏黃的
米白色。D 棟外觀看起來偏白的原因，我認為
是填縫的色彩。使用相當深的灰色與磁磚產生
明顯對比。藉由填縫的深色讓磁磚色彩看起來
更明亮，產生這樣的現象（同時出現的色彩對
比）。

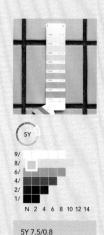

5Y 7.5/0.8

襯托磁磚色彩的填縫

前項 C 棟隔壁的 D 棟，屬於第三期工程，在一九七七年完工。參考《Hillside Terrace 白皮書》內容，據說當初是三期計畫案（D、E 棟）只由住家組成；在完成一、二期的店舖群後，街景逐漸成形，因此 D、E 棟也被要求要設置店舖。

在 Hillside Terrace 中，會隨著計畫而進行形形色色的變更或調整，特別是企圖與「對於將來的預測」、「人或交通量能的變化」這類現象有所配合。D 棟外觀施工是「從建築維持保存的觀點來看，盡可能選擇不會生鏽、汙損、剝離的建材。外觀則貼上 150×150mm 的瓷質磁磚，建築體也提升一層，讓其擁有巨大的骨架」*

150×150mm 的磁磚我自己也沒有使用過，做為現代外牆磁磚的模組，幾乎未曾記載在產品目錄上，從微妙的配色來看，被認為是訂製品。

磁磚的尺寸若較小，在加強與填縫的對比後，會強調出框架感，而磁磚的存在感會變弱，然而，這種 150×150mm 磁磚也會有做為平面的存在感，而深色的線條則會給予牆面一種銳利的感覺。

像這樣透過色彩來讀解出規模或型態，並與素材、色彩的搭配，對我而言相當有趣，而且從歷史悠久的建築中可以受益良多。

---

* 槙文彥、 Atelier Hillside 編著《Hillside Terrace 白皮書》（居住的圖書館出版局，1995 年 p.162）

同潤館

Dojunkan, Shibuya Ward, Tokyo ／ photo:2018

在表參道 Hills 的一角，做為重現「同潤館」
的同潤會青山公寓，外觀基本色是 2.5Y 7.5
／1.8 程度，溫和的淺米色。比起平常的清水
模稍顯明亮，彩度在 2 程度以下，所以予人有
些偏黃的印象。

進行測色靠近時，可以看見細緻的顆粒。顆粒
的大小、色彩相當多樣，重現出洗石子這種原
本建築的外牆工法。

2.5Y 7.5/1.8

精通用色的基礎知識與基準

154

不依賴只是重現色彩的復活

據說原本的外牆用洗石子的工法製作，在這座復刻建築中忠實重現當時的外觀。

對洗石子混入的粒料比例、刷磨到何種程度為好的判斷，都展現工匠的經驗與技術。若想以單色呈現洗石子工法，要用何種比例的粒料來配色，令人相當頭疼，可以推測復刻與原建物所帶有的表情與手感有極大差異。我想「同潤館」並不只是重現色彩，而是重現出外觀的表情與氛圍。

賦予同潤館特徵的另一個要素，是包覆外觀的常春藤。洗石子工法產生的細緻凹凸質地，有助於常春藤生長。據說這些常春藤並不是在設計復刻時所種植，而是自然生長。親自照料建築的安藤忠雄先生，在某次採訪中對外觀被常春藤圍繞做了以下回答：

「因為沒有變化會很無聊。建築應該受到堅定的維護。（中略）若可以謹慎地建造結構，它也會被謹慎地使用，如此情況下既可以保持原來的美，也可以持續往好的方向改變。」*

復刻建築採用原建築的工法，以變化為前提，色彩本身就算不變，也會藉由其他的要素或周邊的變化，在建築上產生美好的樣貌，我認為這是個可供參考的案例。

---

* 「FEATURE 誕生於都市的激情發展 與安藤忠雄討論建築 第 1 卷」（表參道 Hills 官方網站，2017 年 8 月 22 日）〈https://www.omotesandohills.com/zh-CHT/feature/2017/002831.html〉2019 年 6 月 1 日瀏覽

LOG, Onomichi City, Hiroshima Prefecture ╱ photo: 2018

由印度的建築師集團 Studio Mumbai 執行設計，是一座位在尾道市的複合設施。原本是公司職員宿舍，全面改造，後附設了飯店、咖啡廳、藝廊與商店等。到處都有色彩。這些色彩表面有豐富的質感，讓人無意中想去觸摸看看。使用在外觀上的灰泥、土壤、顏料，由這些素材形成泥水匠工藝牆面，想必今後色調會繼續變化下去。

這個色彩是 7.5YR 6.5 ／ 3.0 與 10YR 8.5 ／ 1.0 程度。無論何者，都是日本中常見的「暖色系（YR 系）中高明度、低彩度色彩」。

「創造色彩」這件事

室外樓梯的休息平臺上有「當初落選的色彩們*」，我抽出數個色彩，仔細地觀察視覺呈現的「效果」與感受到的「印象」，色彩範圍是不是可以縮小到這些落選色上？我如此加以探索。

我們也實際製作用在調查或色彩指定的色票，一面補上色彩（顏料），一面做出目標色調的「調色」，即使到某個階段為止都看不出變化，但有些時刻只要再加入下一滴，馬上就變成另一種不同的色彩。顏料在濕的狀態下色彩鮮艷，乾燥後會變得明亮、暗淡（彩度下降），我們事務所便有一支手拿吹風機，方便我們一面塗上顏料立即吹乾，一面製作複數色票。

許多沒有調色經驗的設計師或學生，以及來我們事務所打工的學生們，一開始不懂調色的原理，花一天也調不出想要的色彩，這種狀況很常見。花費時間反覆檢驗，在行為中增加「發現」的經驗。

我認為在龐大的樣品中要選擇出最終的塗裝色，看清色彩與色彩印象轉換的瞬間，還有理解隱藏在該色彩中的各種色調，這些能幫助我們發現難以用言語形容的決定性依據與因素。

LOG 是由許多藝術家與專家組合的計畫案，這樣的組合是 Studio Mumbai 的特色之一，就是將這些專業組合呈現豐富的工法與色彩。

可當基準的建築色彩與數值

---

* 參考左圖，這些都是當時的候選色樣本，但據說最後連其中一色都沒有採用。

68

馬車道站

Bashamichi Station, Yokohama City, Kanagawa Prefecture ／ photo:2011

建築師內藤廣先生設計，站內有著色彩層次多樣、饒富趣味的磚塊，還設置了據說從橫濱銀行接收的保險櫃大門，可以感受到在繼承土地記憶的用意上下足工夫。

磚砌牆沉甸甸的印象消失了，隨處可見的塗裝色令人印象深刻。我想是塗裝色比磚的紅褐色更鮮艷所呈現的效果吧！這個塗裝部份是以 1YR 4.0 ／ 5.0 程度為基底，加上 5BG 4.0 ／ 2.0 的「斑點」。

1YR 4.0/5.0

精通用色的基礎知識與基準

令人感受到深度的塗裝色

　　塗裝工法與均質平滑的完工牆面相得益彰。為過於平滑的牆面增加份量感，也解決淺色容易使小汙漬或傷痕變得醒目的視覺感。馬車道站的特徵在於具有躍動感的挑高空間，柱子做為支撐空間的構造物，特意強調它的存在，因而讓人感到開闊性且洋溢著宏偉的穩定感。將柱子加上平面塗裝後，相對於其他建材或空間的規模性，我覺得給人一種單調且稍顯不可靠的印象。不仔細看不會理解，如此若無其事的呈現，就是細微的「斑點」增加了塗裝的厚度，營造出不輸厚重磚瓦的存在感。

　　「從十到二十年這樣的時間中，一切都為耐用。特別是都市設施，耐用度必須要比實際提供使用的時間更長遠。」*

　　內藤先生對於時間流逝的態度，也是我效仿的目標。都市設施以外的建築也是如此，將來的變化要如何解讀，要選擇包含何種變化程度的素材、色彩，可說是讓色彩視覺呈現長久維持的重要因素。

　　從遠處來看無法理解這種耗費工夫的表現，對於人的視線帶著某種強度，訴說一切素材的質感，切勿輕視表面的施工，這一點我一直（自認為）謹記內藤先生的指導。

---

* 內藤廣〈長時間下的都市的車站〉《新建築》2004 年 1 月號，p.105

御
木
本
銀
座
二
丁
目
店

MIKIMOTO Ginza 2, Chuo Ward, Tokyo ／ photo:2013

外表上沒有接縫,是棟極具特色的大樓。兩片
鋼板之間充填了混凝土,厚達二十公分的牆面
本身也是結構體。這是建築師伊東豐雄先生的
設計。

牆面的色彩是 5RP 7.8 ／ 2.5 程度。金屬調的
塗裝,從正面來看,會感受到帶粉色的印象,
但若改變視點,抬頭往上看著正面,建築上部
的那一面,看起來偏白色(色調會跑掉)。

5RP 7.8/2.5

精
通
用
色
的
基
礎
知
識
與
基
準

柔和的金屬色

　　仔細近看施作在這鋼板上的塗裝，會發現如同汽車表面可見的金屬光芒。細微的金屬粒子受到外部光源閃閃發光，依據觀看的角度不同視覺呈現也跟著變化，或許是作為珍珠的閃耀光芒象徵吧。

　　這個鋼板的金屬塗裝，因為底色就是金屬，以金屬搭配金屬塗裝與建材自然的呈現出整體感，我在此受到完美控制牆面本身的份量感，也掌控予人巨大印象平滑牆面的視覺呈現。

　　御木本這個品牌、配上銀座這個地段，略帶粉色色調，可以推測是來自造訪店舖的顧客、走在街上優雅女性們的形象。金屬、鋼板本身是堅硬質地，擁有銳利形象，但也會被這種柔和色彩所駕馭（雖然是看形態或規模而定），我認為這也是一個讓人感到新鮮的案例。

　　另一方面各地的天橋常常會廣泛採用這樣的色彩（柔和的粉嫩色系）。看到這類案例我總認為「清淡的色彩很難融入金屬中啊」，但已開始覺得，飽含光澤感的塗料也能造成很大的影響。

虎
屋
京
都
店

TORAYA Kyoto, Kyoto City ／ photo:2011

使用在外觀上的 50mm×50mm 馬賽克磁
磚，磁磚中央膨起，雖是瓷製的卻帶有柔和氣
氛。這次借到實際磁磚，使用分光測色儀試作
測量。

關於這個磁磚，設計者的內藤廣先生曾在演講
時談到，以「如同櫻花花瓣一樣，能感受到些
許淡淡的色調」為目標，反覆進行了數次的試
作。

測色的結果是 7.5YR 8.4 ／ 0.6 程度。遠遠地
看是白色，但仔細看有些微的黃紅感。另外，
這不是均一的色面，有著自然纖細的釉藥獨特
色斑，令人感到一種無法言喻的趣味。

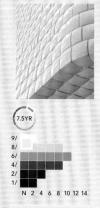

7.5YR

	N	2	4	6	8	10	12	14
9/								
8/								
6/								
4/								
2/								
1/								

7.5YR 8.4/0.6

精
通
用
色
的
基
礎
知
識
與
基
準

適合的素材色彩

如果用色票或小張的色彩樣本來看，如這個磁磚的明度 8.4 程度的亮白色，許多人會說「這個不太白」，會有這樣的感受是因色彩的面積效果造成，還有與色票周圍底色的白對比下所產生的感覺，是非常普通的現象。

曾有某位建築師說過：「N9.5 以外的白可怕到無法採用。」我對此留下深刻印象。一想到明度 8.4 程度的磁磚受到夏日的陽光照射，閃爍著白色光芒，若明度 9.5 程度這樣的數字會釋出多過度的白？

在這類的檢驗下，我深切感受到將明度 9.5 的白運用在建築外觀基本色上，是多麼地可怕。

曾經在東京都國立美術館聽到 StudioMumbai 的比喬伊・傑恩（Bijoy Jain）先生的一席話：「比起用何種素材，完成後的感動更為重要，我希望大家能去感受完成建築營造出的氣氛以及欣賞建築的感想。」他的這些話仍留在我的記憶中。所謂建築師的工作，就如同比喬伊・傑恩先生所言，「完成且持續存在於當地、營造出何種氣氛、帶來何種影響？」我認為他們反覆思量著這些事情。

認為總而言之白色就是要用 N9.5 的建築師，是沒有考慮對周邊的影響，我完全沒有這樣的想法，最為明亮的白所帶來的抽象概念，是依據素材不同，即使明度 8 程度也能帶來相當程度的白，我想根據這樣的效果，來選擇素材或色彩。

虎屋工房

TORAYA Kobo, Gotemba City, Kanagawa Prefecture ／ photo:2012

與虎屋京都店一樣，由建築師內藤廣先生設計。側牆的塗裝鋼板是 5BG 3.5/1.0 程度，迴廊部分的柱子是 N3.5 程度。

也許外觀的鋼板是產品本身色彩，柱子是用指定塗裝色製作，因此呈現出這細微的差異。平滑且面積寬闊的牆面帶有些微色差，映襯周圍綠意的效果。

另一方面，間隔細密的連續柱子是無彩色的，這點也令我感受到在空間結構的主從關係。

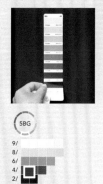

5BG

9/
8/
6/
4/
2/
1/
N　2　4　6　8　10 12 14

5BG 3.5/1.0

微微的色調使融入更顯容易

　　屋頂與側牆是塗裝鋼板，融入周圍的綠意，可以感受到淡雅的色彩，試著檢測一下是 5BG 3.5／1.0 程度，乍看是灰色但帶有些微的藍綠色。明度、彩度低的色彩，猶如寂靜無聲地溶化在自然中的綠，這般融入。我想是因為明度 3 至 4 程度的色彩，與自然界基本色的土壤或樹幹等色彩是類似的色調。類似自然色調這點，像將周遭色彩複製下來一般，令人感到親和。

　　即使相同的低明度色，無彩色與稍帶色調的色彩，各自以單色來看不會意識到，「與其他建材組合融合」才是決定性的不同。舉例來說，法國料理在提味時會使用紅酒、日本料理在入味時會使用日本酒，像這樣將整體連結，整合在一起的技法，色彩與周圍的融合方法，不也類似嗎？

　　有人說「融入就會埋沒」，但並不是讓它埋沒如此「消極」的意思，而是善於融入的「積極」想法。以做菜為例，「高湯要用什麼來做？」「要去除腥臭味該如何處理？」，也許近似這些感覺。虎屋工房的鋼板，是形成外觀的主要建材，為了襯托出這個素材的風格與周圍的景色，加上了些微的色調，這樣的方式似乎行得通。

Heritance Kandalama

Heritance Kandalama Hotel, SRI LANKA ／ photo:2015

室內地板幾乎全黑。在具光澤感的混凝土上時
而照映出柱子、樹木的光影，時而有樹葉飛舞
落下。早晨，隨著鳥鳴與猿聲，走廊中迴盪著
掃帚打掃的聲音，一切都讓人感到心曠神怡。
對於擋風避雨這件事，日本會提高入口部份的
氣密性，以提昇室內的舒適性。而在斯里蘭
卡，幾乎一切都是開放的，風與自然萬物都在
建築內來去進出。

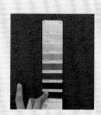

精通用色的基礎知識與基準

非單色的魅力

在斯里蘭卡建築師喬佛瑞・包瓦（Geoffrey Bawa）所設計的無數飯店中，這是唯一一間在內陸建造的飯店。無限善用原有的地形建設出「與森林合為一體的飯店」，以此著稱。

走廊全部都是開放式走廊，一面以深灰為基調，一面呈現出接近黃感的綠、白、米色系。巧妙運用明暗的對比，呈現非常細微的色彩分類。包瓦所設計的飯店，不只限於這間使用多種色彩，這種「非單色」的手法，讓人感受到與自然同等的多樣性，使心情平靜，每一面稍顯刻意的分開塗裝也讓人有落落大方的印象。

使用在外觀上的色彩之一是 5GY 4.0／1.5 程度接近黃感的綠色，彩度 1.0 至 1.5 程度的色彩，以色票來看是混濁的灰色調，因此單獨看會覺得樸素。混濁的色彩總讓人感到是「髒汙」的色彩，但接近黃感的綠色，與一年中變化較少的常綠樹色相近似，稍微拉開距離，樹木的綠色會因為葉子的重疊與影子的關係，使明度、彩度同時下降（甚至，拉遠距離後，會因為空氣中的水蒸氣與灰塵，而略顯朦朧，使明度稍微變高），產生此類色彩視覺表視。

要融入做為小單位聚集的綠，比起將葉子的色彩本身正確呈現出來（例如新綠的綠色是彩度 4 至 6 程度），我認為將明度、彩度設定得更低一些，會是較為和諧的（自然的）視覺呈現。

澀谷 Stream

SHIBUYA STREAM, Shibuya Ward, Tokyo ／ photo:2018

手扶梯以 10Y 8.0 ／ 10.0 程度的鮮艷黃色上色吸引眾人目光。是澀谷車站周邊開發案中名為「Urban Core」的縱軸動線空間之一，也是連接澀谷車站地下空間與地上的立體人行動線。

從 Urban Core 啟用後，我就對它的配色感到興趣。斜斜貫穿挑高空間的鮮艷色彩，與人的動作相互搭配，成為讓人感受到蓬勃朝氣的因素。

明艷的色彩，與周圍反射性高的玻璃素材相呼應，在無機物素材上，也反射出些許微黃色感的瞬間。

10Y 8.0/10.0

成為嶄新都市象徵的色彩

澀谷車站與周邊正進行著大規模再開發工程,到二○二七年度的澀谷人車分離廣場第 II 期(中央棟／西棟)的開幕為止,有八個再開發計畫案進行中。

試著檢視車站周邊地區的藍圖,發現如同將車站包圍一般,建設了五座複合設施,無論何者,外觀都是以玻璃、金屬板等為主體做為外觀設計。

被視作遠、中景的街景,以玻璃或高明度色為基調,有著類似的印象,但個別設計又展現出各個建築師的個性,特別是在近景中下了一番功夫,讓人感受到印象深刻的變化。因為澀谷 Stram 是再開發區域中剛開幕不久的建築,我感覺這是為至今還未產生特徵性色彩的人行空間中,創造新的象徵。提到澀谷有所謂「人車分離十字路口」或「忠犬八公」數個象徵,但澀谷 Stram 的黃色,就像是「黃色手扶梯」,可以說是新的象徵。

色彩經常伴隨著形體或素材,但澀谷 Stram 所使用的黃色,彷彿就像 Urban Core 的縱軸動線因大量色彩而抽象化。比起形體的特徵或含意,是色彩先讓人印象深刻,我認為這座手扶梯的份量,在功能上同時兼備了空間的底色性要素,還有圖像性的要素。

74

隅田川橋樑群

1）厩橋 2）藏前橋 3）吾妻橋 4）駒形橋（皆位於台東區／墨田區）
All photos: 2014

在隅田川上架有十八座路橋。隅田川橋樑群曾在關東大地震後的重建中負責極大任務，當時的設計者參考世界各地具歷史的橋樑來加以設計。我在二〇一四年，曾進行過從白髭橋到勝鬨橋的十四座橋樑的測色（見秘訣 40）。從一九八三年起開始對橋樑重新上色，「七色橋樑」是整修工程的一環，橋樑群使用的色彩是工程中給予的指示。聽說每個色彩都其來有自，鮮艷色彩的橋樑中，有時色彩印象太過強烈，將周圍的街景給分割開來。

7.5GY 5.5/4.0

厩橋

2.5Y 7.5/12.0

藏前橋

5R 4.0/12.0

吾妻橋

10B 5.0/6.0

駒形橋

見協調性「強調」

　　隔田川橋樑群之一的吾妻橋，曾在修復過程中討論塗裝色，既有的朱紅色超過前次塗裝後所策定的「台東區／墨田區景觀計畫色彩標準」數值。

　　在兩區的景觀審議會上被諮詢，是否應該使用這樣鮮艷的色彩，以此為開端，在二〇一四年二月舉辦了匯集多位專家與行政人員、市民的論壇，進行一番爭論。介紹完吾妻橋建設當時的色彩曾是藍綠色之後，提出「即使一樣是紅色也要降低彩度」的提案，同時進行問卷調查。我當時聽到與會者提出「周遭的景觀已經改變，所以不是籠統地回到落成當時的色彩就好」這樣的意見。我以此次爭論為契機，對橋樑群進行測色，此時才初次意識到，各個橋樑是銜接在一起的。重新檢視每座橋樑都別具特色，在橋上遠眺，景色各自不同，如同被稱為「橋樑群」一般，在意識到與其他橋樑間的比較、差異後，更強調出各座橋樑所在位置的特性。此時，即使規模與形體各自不同，想當然也有乾脆統一色彩的手法。但在這裡，整理出與周圍事物的關聯性、選擇大多數人更熟悉的色彩，我認為藉由這樣重視「協調」的手法，可以期待發揮出各座橋的魅力，創造互相襯托的關係性吧！

　　整體曾是 5R 4.0／12.0 的吾妻橋的色彩，經由專家的爭論與檢驗，將欄杆改成更沉穩的 10R 2.0／5.0，主拱、主樑改為 7.5R 2.5／9.0，進行了這樣的調整。

東京門戶大橋

Tokyo Gate Bridge, Koto Ward, Tokyo ╱ photo:2019

二〇一二年開通，全長兩千六百一十八公尺的大橋。主橋樑部的構造是採用「鋼製三跨連續箱型桁架複合式結構」。極富特徵的模樣，被比喻為二頭怪獸面對面的姿態，又名「怪獸橋」。抬頭往上看桁架時，可以感受到接合部份相當俐落。與以前曾測色過的隅田川的勝鬨橋或永代橋的鋼骨主拱相比之下，沒有看到細小的構件，焊接的痕跡也不明顯。聽說是採用了不使用螺栓的「四面焊接結構」。桁架的部份是 2.5PB 8.0／2.0 程度。用色票來看可以感受到相當程度的色調，是淺而明亮的藍色。

2.5PB 8.0/2.0

精通用色的基礎知識與基準

融入天空、映襯著點燈的高明度色

　　橋東側的旁邊是江東區立若洲公園，有許多享受著
釣魚與露營的人，非常熱鬧。往海上方向的周邊，設有
昇降塔、展望平臺，可以順利進入橋上的步道。走上橋
之後，周圍沒有遮擋視野的景物，步道可以享受台場、
東雲等東京與千葉灣岸的全景景色。

　　作為與桁架色彩相關聯的要素，除了扶手與舖面，
佔了壓倒性面積的就是「天空」。明度 8 、彩度 2 程度
的冷色系色調，單獨來看就感到相當程度的色調，在周
邊是暖色系較多住宅區的情形下，予人的印象是強調出
色相對比、不易融入周邊環境。

　　另一方面，這座橋並不是定位好的色彩（見秘訣
34）。像天空這樣的「藍色系」因為經常成為底色，所
以與在住宅地或山區看到的冷色系高明度色相比，印象
上有相當大的差異。從遠景開始是感到偏灰（暗淡的）
藍色印象，但靠近之後就知道是相當明亮的「粉藍色」；
甚至，一邊時而往上看時而回頭看，一邊走在步道上
時，在桁架的每個面，光線照射的方法都不同，可以看
到濃淡不一形形色色的面貌。唯有這巨大的結構物，才
能讓人體驗、享受到，因距離變化產生的色彩視覺呈現
的多樣性。

　　東京門戶大橋的夜間點燈也非常有名，每個月都有
主題色，聽說是以日式色彩、日式語彙為主題。高明度
的底色，對於燈光的色彩也有很好的反射率，同時也是
為了靈活運用照明效果的色彩。

三角港的天棚

Misumi Canopy, Uki City, Kumamoto Prefecture ／ photo:2018

周遭可以看到許多粉色系的外觀色，很有港都
的氛圍。

原有的圓錐展望臺明度大約 9.5，色調比天棚
更加明亮。

設計者應該是實際造訪當地，看過並感受過整
個環境後，才選擇了這樣的顏色。

1.5PB

	N	2	4	6	8	10	12	14

1.5PB 6.0/1.8

融於景中的冷色系

站前廣場的天棚是由 Ney & Partners Japan 的羅倫內伊（Laurent Ney）和渡邊竜一擔綱設計。廣場前有成排的棕櫚林道，感覺來到溫暖的國度。繼續往前走，會看到天棚畫出平緩的弧線，引導人們前往碼頭，聽說天棚是利用造船技術製造。棚柱的顏色大約是 5PB 6.0／1.8，雖然是冷色系，彩度卻比預料中更高，不過肉眼看應該會比實際數值更灰。我推測這種差異是受到海邊的濕度或溫暖土地的氣候影響，如果隔著一段距離呈看，光線在穿越空氣時會因灰塵散射而產生「霧霧」的效果，實物的顏色就會像罩上一層紗，看起來稍微矇矓而沉穩一點。此外，周圍的建築物又多是藍色、綠色、黃色這種色相繽紛的粉色系（車站也是奶油色），天棚與街景相當和諧，因此我也覺得這種有表情的冷色系很融入其中，不會格格不入。整體環視起來，會發現天棚是非常巨大的構造物，可是棚柱卻比想像中要苗條許多。據說棚柱的重心設計成往內偏，好讓弧形的天棚能夠穩固，而天棚的頂板本身就是主樑，等於讓結構構件自成屋頂。輕巧的白色天棚和底下支撐的藍灰色柱，略為藍紫的色調讓人聯想到微陰的天空和清晨大海的顏色。雖然天棚與棚柱的模樣都很人工，又是由硬質的素材組成，可是有生命力的線條與色調相輔相成，毫不突兀地融入了周遭的景色。

出
島
表
門
橋

DEJIMA FOOTBRIDGE, Nagasaki City, Nagasaki Prefecture ／ photo:2019

「橋樑像是憑空消失了。」我聽設計者這樣說過，因此很期待看到表門橋本尊。隔開距離來看，確實會懷疑這座橋到底在哪裡。

可是靠近一點，就會看到它別具特色的平滑曲線，而且它確實存在。

這個融於景中渾然一體的顏色，明度大概是2.5，也是「看起來不存在的色彩」（見秘訣17）。雖然是低明度色，卻不會讓人覺得特別沉重，這是因為欄杆上沒有扶手，也就不會有壓迫感，主樑也有開口，讓人能穿透橋面看到周遭景色。

5G 2.5/0.3

精通用色的基礎知識與基準

融入周遭的低明度色

表門橋是一座人行天橋，與前一秘訣的天棚同樣是 Ney & Partners Japan 的羅倫內伊和渡邊竜一所設計的。

長崎縣的出島預計在二〇二五年完成一項修復重建工程的百年計畫，現在的出島是一片連續的陸地，屆時出島周遭會有運河圍繞，復原成如同鎖國時代的扇形島。在這項計畫中，表門橋的主題不單是復原，而是架設一座現代橋樑。

平緩的弧形是這座橋的一大特色，近看可以發現橋的重心在北側（江戶町側）的下部。由於南側的出島側是國定史蹟，採取了這樣極其特殊的結構之後，就只需江戶町側負責支撐橋樑的重量，不會對出島側的護岸造成負擔。

從贏得標案、著手設計橋樑的階段開始，我就有好幾次機會聽到他們的分享，但是直到二〇一九年一月初才終於能去看（測量）實物。渡邊先生認為「主角終究還是出島，我想以歷史性景觀為主體」，他們顧慮到出島建築物的文化瓦有其質感和色調，為此選擇了低明度色。表門橋的顏色和周圍屋頂的瓦片確實很接近，與色票本的N系相比有些微色調，並不是完全的無彩色。

混入金屬粉的塗裝很難測色，但是我判斷大概是 5G 2.5／0.3（或者是偏藍一點的 5BG 2.5／0.3）。

伏見稻荷大社

Fushimi Inari Shrine, Kyoto City ／ photo:2018

若用途、型態、設計、色彩沒有整體搭配就難成立,這情形案例雖少,但不就是佛寺、神社的配色嗎?伏見稻荷大社的千本鳥居,使用2.5YR 5.0 ／ 10.0 程度色彩。是相當接近黃色的紅,超越想像的朱紅色。

鳥居或太鼓橋,即使素材變成鋼材或 RC,其色調仍會沿用下來,這樣的案例也很常見。

唯有如此,這色彩具有的含意才能永久廣泛地為人所知,做為該地區或空間的象徵。

2.5YR

	N	2	4	6	8	10	12	14
9/								
8/								
6/								
4/								
2/								
1/								

2.5YR 5.0/10.0

包含許多願望的色彩

　　據說紅色的語源是「明亮」＊1。火焰或朝霞等照亮黑暗的鮮明紅色，從古代起就是安心或安全的象徵，與我們的生活密不可分。作為除魔（厄）或祈求事物時的象徵，鳥居、達摩、護身符等，也常會使用鮮艷的紅。

　　特別是生活在城市中，平常比較無法仔細體會被單一色彩圍繞、包圍，京都伏見稻荷大社的千本鳥居，沉浸在鮮艷的色彩，正好就是能細細玩味感受色彩的獨特環境。從鳥居的縫隙中隱約可見綠意，這種色彩的對比更襯托出朱紅色。因為信徒持續捐贈，據說鳥居至今仍持續增加中，這其中滿含了不分時代，許許多多信眾的心願。

　　如同呈現出朱紅色一般，伏見稻荷的紅是黃紅系。根據大社的網站，說明了「朱紅色被視為可對抗魔力的色彩，經常用於古代宮殿、神社佛閣，就本神社而言我們將其解釋為代表稻荷大神豐饒力量的色彩」＊2。

　　有時，走在光線灑落的島居中，會感受到神社特有的莊嚴神聖感或不尋常氣氛，雖然覺得有點恐怖，但在讀了前述的解釋之後，變得讓人感受到不可思議與自然的豐饒。

　　了解色彩的含意後，也可能顛覆當初的印象，湧現截然不同的感受或親切感。

＊1 日文的「紅色」讀音為「AKA（赤）」，「明亮」的讀音為「AKARUI（あかるい）」。

＊2「常見問題」（伏見稻荷大社網站）http://inari.jp/zh-tw/faq/ 2019 年 6 月 1 日瀏覽

白色與街道

　　二〇一一年的夏天，我有幸與建築專業人士對談「白」這個主題。對談的半年前，我正好開始為大眾關注的建築與工作物測色，期間持續思考這些顏色帶來的效果、顏色與周遭環境的關係，並且決定推廣這些概念。

　　我很疑惑「為什麼許多建築師都肯定白色，只要白就好」，經過這樣的對談，以及實際見到建築物或閱讀文獻，確實加深了我的理解，直至今日我仍持續思考辯證。從事色彩的工作中，白色外裝很少是我認為吸引人的選項（我以環境來談合適於否），不過一般人所認知的「白」，倒不是許多建築師所謂的「抽象概念的表達」，一般人對「白」的認知，會與該國、該土地的氣候風土與歷史文化有關，而且他們似乎能從「白」感受到牆壁的重量和主架構的厚度。

SRI LANKA, 2015

我認為想搭配出和諧的色彩，就需要掌握素材本身的顏色具有什麼特性，本章會介紹建築和土木設計中常用的建材與材料的顏色和特性。

我所介紹的都僅供參考，數值也是參考值，在綜合考慮或檢驗多個條件，好比說建材搭材料、建材搭塗裝色時，這些內容應該可以派上用場。

VII

可供參考的材料顏色與數值

清水模

Nanyodo, Chiyoda Ward, Tokyo ／ photo:2012

混凝土的顏色

- 一般竣工時的混凝土
  5Y 6.5 — 7.0 ／ 0.3 — 0.5
- 南洋堂書店（竣工三十二年時）
  5Y 5.3 ／ 1.0

5Y 7.0/0.3	
5Y 7.0/0.5	
5Y 6.5/0.3	
混凝土（竣工時）	
5Y 6.5/0.5	
木材會館（竣工三年）	
5Y 5.3/1.0	
南洋堂書店 （竣工三十二年）	

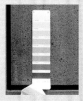

Nanyodo

Mokuzai Kaikan

熟悉的材料顏色

我為建築物和構造物測色的契機，源自混凝土顏色
的研究。

任何人都看過混凝土，對建築或土木設計師來說混
凝土也是很親切的材料；以顏色來說，雖已有「混凝土
色」或「明亮的灰色」這樣的表現方式，卻沒有辦法很
準確地描述這是什麼色，顯示混凝土親切歸親切，卻沒
有一套標準可循，我才因此開始研究混凝土的顏色。

我認為如果能掌握這種常見材料的色相、明度和彩
度，控制對比的程度就會更簡單，也會更容易找到適合
搭配（或者搭配起來相得益彰）的色系。混凝土顏色略
黃，以色相來說就是 Y 系，新混凝土（竣工時）明度大
多是 6.5 至 7.0，彩度約為 0.3 至 0.5，乍看之下會以為
是單調的灰色，但其實並非完全的無彩色。

我一有機會就會測色，測著測著漸漸發現時間越久
遠混凝土明度越低，彩度則會稍微提高。

我目前測量過明度最低的案例是位於東京神保町的
南洋堂書店，外裝只有 5Y 5.3 ／ 1.0。書店在一九八○
年完工，我測色的時候混凝土已經歷經了三十二年。

80

天然石材

Shizuoka City, Shizuoka Prefecture, 2018

精通用色的基礎知識與基準

Okazaki City, Aichi Prefecture, 2018

5Y 6.5/0.5	
白灰	
10YR 6.0/1.0	
灰米	
10YR 2.0/1.0	
暗褐	
10YR 3.0/0.5	
暗灰	

Y 系灰的層次

　　天然石材的色相從暖色系到冷色系都有，涵蓋範圍很廣，寺廟的鋪面或庭園石頭最常見的就是 Y 系灰的石頭，前一個秘訣的混凝土也有 Y 系灰色調。

　　天然石材的灰是略黃的灰，這種灰無論在都市空間規畫，或是自然景觀中的混凝土擋土牆、鋪面，都相當實用。二〇〇六年日本國土交通省制訂了《景觀友善的防護柵欄規畫指南》＊，二〇一七年改訂為《景觀友善的道路附屬設施規畫指南》，建議顏色新增了「白灰（5Y6.5／0.5）」這個選項。

　　不管在什麼區域，選色時如果需要考量到「景觀友善」，向來都會建議分開使用 10YR 系的灰米、暗褐和暗灰色。然而有些土木與景觀設計的專家認為，暗褐和暗灰這種低明度色有點突兀，中明度的灰米雖然彩度 1.0 左右，在某些規模或型態下還是會太過沉穩而顯得突兀，反而可能「簡單、溫吞」的視覺效果，專家對此也莫衷一是。在二〇一七年的改訂中建議了白灰等四個顏色，同時也強調推薦僅止於推薦，不是標準答案。

　　規畫指南不是萬靈丹，周遭環境和評價隨時間改變，如果不希望標的物太搶眼，還是需要個案處理，才知道多一點色彩，會如何影響風景或景色的視覺效果。不過天然石材（大多）是 Y 系灰，Y 系灰的涵蓋範圍又很廣，代表 Y 系灰的應用應該可以很長久又很廣泛。

＊上述四色是《景觀友善的道路附屬設施規畫指南》中建議的四個顏色。

81

磚材

1) 2) Yokohama Red Brick Warehouse, Yokohama City, Kanagawa Prefecture
photo:2008　3) Tomioka Silk Mill, Tomioka City, Gunma Prefecture

各種磚材的顏色

- 紅磚倉庫
  2.5YR 4.0／5.0

- 東京車站
  10R 3.0／5.0

- 富岡絲織廠
  5YR 5.0／4.0－5.0

- 馬車道車站
  7.5R 3.0－4.5／3.0－4.0

  5－7.5YR 5.5／4.0－4.5

2.5YR 4.0/5.0	紅磚倉庫
10R 3.0/5.0	東京車站
5YR 5.0/4.5	富岡絲織廠
7.5R 3.7/3.5	
6.3YR 5.5/4.3	馬車道車站

精通用色的基礎知識與基準

186

透露歲月痕跡的材料

　　東京車站和橫濱倉庫群使用的都是紅磚，而從「紅磚」成為常用詞的現象來看，可知「磚材＝紅色」這樣的連結與表述已經相當普遍。磚材常見於歷史性建築中，引人回顧建造當下的設計技術與思想，是彌足珍貴的活歷史。

　　我測色之後發現，很多磚材是 YR 系，也就是紅系色中偏黃的朱色。我曾經測量過的磚材色如左頁所示。磚材會因黏土和骨材的比例改變物理性，又可以用各式各樣的模子，調整磚體的形狀與質地。除此之外，調整燒磚溫度還可以燒出絕佳的配色，是種自由度很高的材料。然而在出窯之前無法得知磚材成品的情況，算是難以穩定、精準掌控的一種材料。

　　磚材雖然容易隨著時間產生變化，不過近年在景觀領域上的用途似乎很廣，如鋪路時會使用顏色極度不均的磚材。可能是因為磚材接近大地色（土色）之故，適合與大自然的花草樹木互相搭配，而且過了一段時間經過風化或植物扎根，就會漸漸融入自然景觀吧。

　　磚材同時也是回溯歲月痕跡（歷史）的線索，舉例來說，富岡絲織廠使用的磚材色感覺就比一般磚材更「淺」。實際上他們用的磚材明度大約高了 1 度左右，色相上也相當靠近黃色。聽說是因為建設時是戰爭時期，有限的燃料無法維持足夠的溫度，只能以低溫燒磚，才形成比較沉穩的顏色。

木材

Mokuzai Kaikan, Koto Ward, Tokyo ／ photo:2010

| 10YR 6.0/2.5 |
| 10YR 5.5/2.0 |
| 10YR 6.0/3.0 |
| 7.5YR 5.0/3.0 |
| 7.5YR 5.0/4.0 |

木材會館（竣工三年）

Mokuzai Kaikan, 2012

會「熟成」的顏色

　　左頁圖中我在秘訣 35〈木材色彩的變化〉中也介紹過，這是東京新木場的木材會館。仔細觀察會館外觀，會看到木材各式各樣的顏色變化，可以想像哪裡受日曬、哪裡受到風吹雨打……

　　樹幹在製材加工前的顏色，屬於自然景觀中「不變的顏色」。與花草相比，大地土壤、砂石等等的顏色長年幾乎不變，而且又在陸地上佔有很大的面積，可以算是自然界的基調色。

　　木材色也是少有變化的「大地之色」，但既然是天然材料，還是會產生一定的變化。製成加工完沒多久的木材其實鮮豔得讓人驚訝，我測量過木材會館中看起來特別鮮豔的部份，得到的結果是 7.5YR 5.0 ／ 4.0，而相對沉穩的部份是 10YR 6.0 ／ 3.0 左右。這是二〇一二年在會館完工三年後測量的結果，比較各個部份的測色值，還可以明顯發現隨著時間流逝，色相中的紅減少，而且木材變乾燥，明度提高、彩度降低。

　　在做木材加工的階段，樹木依然有生命，依然是會變化的生物，也可以感覺它還在繼續「熟成」。維持原色恆久不變其實非自然，所以樹木是在經過一段時間的變化之後才停止變化，在這之中，我感覺到寶貴時光的流逝，因此我也會想，就是因為時光會流逝，我們才懂得珍惜有生之年的光陰吧。

Tofukuji, Higashiyama Ward, Kyoto City ／ photo:2012

各種磚瓦的顏色

- 10YR － 5Y, N5.0 － 6.5 ／ 0.0 － 0.5
- 5YR － 7.5Y, N3.5 － 5.0 ／ 0.0 － 1.0
- 2.5YR － 5YR 3.0 － 4.0 ／ 3.0 － 4.0

| N6.5 |
| N5.0 |
| 10YR 5.0/0.5 |
| 7.5Y 3.5/1.0 |
| 2.5YR 3.0/3.0 |
| 5YR 4.0/4.0 |

日本的瓦片

Nagi Town, Okayama Prefecture, 2018

不同材質或形狀，一脈相承的原色

　　日本傳統建築物和當代住宅使用的瓦片，包括將土
窯燒的燻瓦、釉藥瓦和文化瓦，這幾種屋瓦的明度和彩
度大多都偏低（參考左頁）。

　　回顧瓦片和所有陶瓷器的歷史，可以發現這些物
品的原料用土都能在當地採集到，也適合用來做陶、瓷
器，因此可以說器物呈現出了每個地方的「大地之色」。
紅褐色釉藥是石州瓦的一大特色，紅褐來自島根縣出雲
地區挖掘出的來待石所含鐵質，可以說是當地獨有的瓦
色，形塑出這裡的屋瓦景觀。

　　很多廠商會常備數十至十數色的鋼板作為標準色，
我推測這些色調是與傳統的屋瓦色一脈相承。雖然鋼板
的色相幅度比較廣，可是通常還是以低明度、低彩度色
為主。

　　感覺即便建材的原料和製造方法改變，「物體色」
卻不會隨便跳脫「原色」。舉例來說，鋼板的品項大多
是 BG 系偏鮮豔的顏色，很顯然是繼承自材質本身藍綠
色（銅），也許是考量鋼板能用以修補或整修銅器，才
會這樣選色。

　　補充說明，為什麼屋頂色的明度低呢？除了原料之
外還有幾個原因，其中一說是屋頂會接受陽光直射，要
是太亮，反射光會讓周遭人覺得刺眼，這也是我覺得最
有力的說法。

84

玻璃

Shinonome Canal Court, Koto Ward, Tokyo ∕ photo:2009

各種玻璃的顏色*

- 透明
  5G － 5B 6.0 － 8.0 ∕ 0.5 － 2.0
- 藍色系
  5GB － 10PB 5.0 － 8.0 ∕ 1.0 － 4.0
- 綠色系
  10GY － 5BG 5.0 － 8.0 ∕ 1.0 － 4.0
- 灰色系
  5G － 5B, N 4.0 － 8.0 ∕ 0.0 － 2.0

10G 7 0/1 2
透明

7.5B 6.5/2.5
藍色系

7.5G 6.5/2.5
綠色系

N6.0
灰色系

*《東京都景觀色彩指南》（東京都，二○一八年）

精通用色的基礎知識與基準

讓人「感受」到顏色的材料

玻璃是物質，又有透明性，因此沒辦法像其他材料一樣視為「物體色」。根據大衛‧卡茲對色彩的現象性分類（見秘訣 34），玻璃屬於容量色（volume color），他定義為某個容積在注滿顏色後，我們就能「感覺」到顏色的視覺效果。一九六〇年代以後，玻璃的功能和強度都進步了，也開始出現全玻璃立面的建築，這些建築在「視覺效果」上可以讓你感受到顏色，實際上卻是透明。

另一方面，有的玻璃本身就有顏色，我們開始可以看到各式各樣的漸層表現，或者玻璃與背景（背板）色搭配呈現出不同的效果。

因為玻璃情況特殊，我調查的時候是以測量玻璃的「表觀色（apparent color）」當作參考值。二〇一七年，《東京都景觀色彩指南》新增了活用篇，在「色彩標準的運用」項目下，寫著主要建材的參考曼塞爾色彩系統，玻璃色的參考值就如左頁所示。即便是透明的玻璃，也常常因為玻璃本身帶有淡淡色彩，或因為倒映出周遭環境，而讓人感受偏藍或綠。此外，除了光線反射的影響很大，觀看角度和天候也會造成截然不同的視覺效果，如同上述，同樣的產品，色相、明度和彩度的數值依然會有落差。

85

鋁門窗

Color sample, 2019

各種鋁擠型的顏色[*]

- 銀
  10YR － 10Y, N 7.5 － 8.5 ／ 0.0 － 0.5
- 不鏽鋼
  10YR － 5Y 6.5 － 8.0 ／ 0.5 － 1.5
- 青銅
  10R － 10YR 4.0 － 6.0 ／ 2.0 － 4.0
- 褐
  10R － 10YR 3.0 － 5.0 ／ 1.0 － 3.0
- 黑
  N 1.0 － 2.5

----

[*]《東京都景觀色彩指南》（東京都，二〇一八年）

5Y 8.0/0.3
銀
2.5Y 7.3/0.8
不鏽鋼
5YR 5.0/3.0
青銅
5YR 4.0/2.0
褐
N1.2
黑

精通用色的基礎知識與基準

看見若有似無的顏色

鋁門窗在住宅、辦公和商場都有很多登場的機會，雖然這個建材的顏色多少會因廠商而異，不過色名大致上可以分為五種。有些產品取了「shine gray」這種特別的色名，但「shine gray」只是在「銀」與「不鏽鋼」之間略偏後者色相，差異不大，選色的時候通常還是從「（色名的）系列」這個觀點切入。

其實每個顏色都落在某個區間，左頁寫的也只是參考的數值，因此我認為拿捏鋁門窗與其他建材的配合度會更重要。

由於鋁材輕便又容易加工，一九三〇年代左右開始，鋁門窗很快地普及。近年隔熱效果佳的 PVC 門窗也有了進一步的開發，可以想見顏色的選擇上會有更多的自由。目前居家用的白色門窗已經開始產品化，裡外能輕易採用不同色也是 PVC 門窗的一大特點。

我們經手過很多整修的計畫，因此常常遇到由於既有框色已定，外裝色的選擇自然被侷限的情況。舉例來說，銀色框如果搭配彩度高的暖色系，金屬質感常常會變得很突兀，造成格格不入的感覺。即便建材本身的彩度很低，要是搭配了某些材料與色彩，依然很可能讓原本的建材變得搶戲。

PVC 管

Color sample, 2019

一般的 PVC 管顏色

- 銀白
  2.5Y 8.5／0.0 － 0.5
- 銀
  5Y 7.0／1.5
- 奶油
  2.5Y 7.5／2.0
- 可可
  7.5YR 5.0／2.0

2.5Y 8.5/0.5

白

5Y 7.0/1.5

銀

2.5Y 7.5/2.0

奶油

7.5YR 5.0/2.0

可可

管線色與背景色的關係

建築設計常需要想方設法、用盡巧思讓各種管線隱形，可是有時候因為整修等因素，無可奈何管線還是會外露。從色彩計畫初期階段開始，就要先考量這些管線（也就是顏色已定的東西）的位置，再選擇適合的材料與色彩，左頁的測色數值測的是 PVC 管流通最廣的廠牌。雖然無法選到完全同於背景色的 PVC 管，但是盡量低調還是可能的，可參考下列情況：

• PVC 管的明度略低於背景色（外牆）。

• PVC 管的彩度略低於背景色（外牆）。

• 符合上述兩者，就選擇色相更近的 PVC 管。

這些是 PVC 管色的選擇標準。儘管如此，只有四色的 PVC 管要搭配各種建築物的外裝色其實難度很高。因為管線色有限，就讓外裝色遷就管線色，我覺得這種選擇方式相當可惜。儘管出於一些管理問題只能生產這四種顏色，我還是覺得應該有更好用的另外四色。

87

防水塗料、填縫劑

Color sample, 2019

各種填縫劑的顏色

- 銀淺灰色系
  2Y－7Y 6.5－8.0／0.1－1.7

- 灰色系
  8.5B－10B 5.5－6.7／0.2－0.9

- 暗灰色系、黑
  1.5Y 3.5／6.0, 10B 3.1／
  0.2, 10B 2.0／0.4

4.5Y 7.3/0.8

淺灰色系

9.3B 6.1/0.6

灰色系

1.5Y 3.5/0.6

10B 3.1/0.2

10B 2.0/0.4

暗灰色系、黑

精通用色的基礎知識與基準

選色秘訣：低明度色或低彩度色

　　防水材料通常不需要過度搶眼，因此防水產品的可選色都會比其他設備的彩度更低，而填縫劑這類產品，通常會出（公認）萬用灰色系的各種濃淡色，選項豐富。

　　防水材料 PU 或矽利康化合物會受到紫外線或風雨的影響，不可能永遠防水，因此需要定期修補。

　　就算是為了防水，依然有很多建築師會避免使用這種化合物（防水工程相關的智慧與巧思還有很多）。然而日本高度經濟成長期出現了集合住宅和大規模的辦公大樓，短時間內需要大量的材料，這種功能取向、可供短期施工的材料因而誕生。可想而知，以後在參與定期修繕與整修的時候，勢必需要審視或決定這些材料的顏色。

　　我開頭寫說灰色是「公認」萬用的顏色，不過無彩色的灰與暖色系的外裝材組合的對比效果常常會更突顯出藍色，帶來人工且無機的印象，讓人覺得突兀。填縫劑近年可能是為了搭配鋁窗而出現了「不鏽鋼」類色，但劑料的質地與有變化的金屬製品搭配起來，往往讓人感覺那個「顏色」特別搶戲。

　　儘管這算是個艱難的抉擇，不過從我長年累積的挑選經驗來看，我建議跟前一節的 PVC 管一樣，要選「比搭配的材料更低明度、低彩度」的填縫劑色。

Part 3

如何執行色彩計畫

最後，我把我們執行過的色彩計畫與執行的流程文字化、圖像化了，經過了多方努力和實踐，我希望這些條件分析與整理有助於選色，也希望將這些概念廣為分享給眾多相關人士與非專業人士。

這些當然不是唯一解答，不過如果有人不知道該從何考量起，歡迎把這些流程當作參考。

VIII

色彩計畫的心法

從測量開始

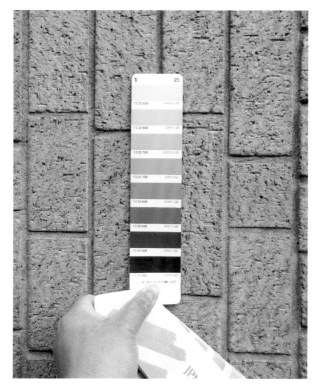

Study, 2010

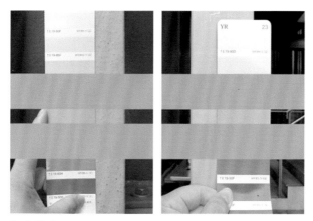

Study, 2010

如何執行色彩計畫?

比較並仔細觀察每個顏色

　　秘訣 01「色彩的量尺」提到日本塗料工會色票本，設定各色域低彩度的刻度差異為 0.5，而且每兩年進行一次改訂，讓低彩度色可以更齊全。雖然想要進行細緻而大範圍的調查時，這些顏色數還是稍嫌不足，但就一般的調查而言已經綽綽有餘了。

　　使用方式如左頁上方的圖，將色票對著標的物，然後取最靠近的顏色數值（曼塞爾色彩系統）。色票印刷於光滑紙張，因此質感不同於外裝的建材，不過如果同時並列標的物和色票，就會發現原本乍看之下是灰色的磁磚，其實些微偏黃。圖中的磁磚是色票由下往上的第四個顏色，接近 2.5Y 6.0 ／ 1.0，明度應該比色票本身稍高一些，可是又不及再上面一個的 2.5Y 7.0 ／ 1.0，也就是說明度介於兩者之間，大約是 6.5。

　　在左頁下方圖中，為了更好看出「顏色之間的關係」，因此用遮片蓋住了空白的部分。遮住色票中空白處，就能更正確辨識色票和標的物的對比。日塗工的色票本附錄中也有這個遮片，沒有的話用手指擋著就能達到同樣的目的，這樣做顏色的比較也會更容易。

　　經過實測得到的測色數據，並不能說明某個顏色具有什麼色彩意義或特色，只有在歸納了幾個顏色之後，才能從中找到一些色彩傾向，即便歸納了也未必保證能找到，不過無論找不找得到，這都會是做計畫或決策時很有用的一份預備資料。

測色的秘訣與注意事項

Xuzhou City, Jiangsu Province, CHINA, 2009

如何執行色彩計畫？

無法靠近標的物時如何測色

　　在做色彩調查的時候，會遇到一些不像是外牆或鋪面這類能夠靠近的標的物，測量高樓層建築的外牆或屋頂的顏色時，就需要一些秘訣。測量屋頂時可以像左圖一樣，把色票對齊屋頂的傾斜角度，盡可能模擬標的物的日照角度。屋瓦這類材質的顏色很不均勻，想要抓到中心色只能靠熟能生巧，不過一般來說我們也不會就近看到屋頂面，因此我認為只要模擬路人視線，知道隔一段距離看起來會是什麼顏色就可以了。

　　然而有時候還是會想精確測量出實際的屋頂色，此時我會不屈不撓找出最靠近標的物的地方。調查的時候，天候的好壞等等都要碰運氣，我也有好幾次直接在民家旁邊找到成堆的瓦片。日本的傳統老街很常看到這種例子，他們在翻新屋瓦的時候，怕全新物品無法融入原有街景，故意把屋瓦存放在室外曝曬，讓它經過適度風化。我知道有這樣的習慣存在之後，在調查老舊的街區時，就會特別留意自己的腳下。

　　另外還有一件事需要特別留意，測色的時候如果過於投入，可能會不小心擅闖私有地，或者沒注意到禁止攝影之類的警語，務必要多加留意。尤其在海外，攝影本身可能都會讓你惹來麻煩。建議在測色時特別留意周遭環境，尤其是在觸碰標的物前，一定要先環顧四周。

將所有蒐集到的顏色排列組合

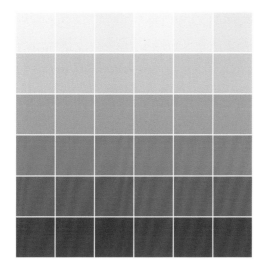

Study. 2019

找到背景賞心悅目的規律

有些配色乍看雜亂，可是重新排列後會變得好看也很整齊，左頁就是其中一個例子，上下圖的顏色和色數都相同，只有排列方式不同，兩張圖都是 YR 系的色群。同樣的色相，如果排列方式看不出或很難看出某種規律，就比較難感覺到色彩的和諧。

根據一定規則排列的色群，會有一種階段性或者規則性的變化，這種階段性或規律性變化會產生連慣性，讓人感覺到一定的節奏或整體感。節奏和整體感讓人覺得賞心悅目，這就是構成和諧感的重要因素之一。而我認為仔細拿捏階段性變化的幅度，讓這個幅度與你想呈現的形象一致，就能進一步讓觀者感動。

配色並不只是單純的選色問題，配色看的是顏色的位置（排列）形成什麼樣的規律，而這個「規律的程度」尤其重要。我的意思不是說世間萬物都需要規律，而是就色彩來說，有一定的規律容易讓人覺得賞心悅目，色彩就具有這樣的性質，我自己也對此深信不疑。

這個規律某種程度上可以透過理論推導得知，因此我認為構思和諧的配色與所謂的天分並沒有什麼關聯。有些人會把「配色」想得很艱深，不過和諧感是建立在一些條件之上，只要能掌握這些條件，我想配色應該不是那麼困難的事。

離遠一點，或靠近一點

1）Sapporo City, Hokkaido, 2012　2）Setagaya Ward, Tokyo, 2013

如何執行色彩計畫？

掌握顏色的特性當作線索

　　眺望風景的時候，我們會選視野好的空曠高臺，或者把市中心高樓大廈的高樓層、屋頂當作視點場域。選色的時候，也必須從視野好的地方眺望計畫的標的物或地區，確認它與周遭或背景的關係。

　　從俯瞰的視角，自然而然會看到各式各樣的東西，也常常會發現變（花草樹木、天候時間等等）與不變（人工物）的差異。即便計畫的標的物是單一物體，這個物體會對周遭造成什麼影響，周遭又會對這個物體造成什麼影響，這種交互作用還是要與物體保持一段距離較容易注意到。

　　反過來說，越靠近計畫地點，對視覺資訊的解析度也會越高，除了建築物，還有戶外廣告、紛亂的公共指示標誌、各式各樣的鋪面等等，由此可以想見，在資訊量爆炸的環境中要選定材料和色彩會有多困難。

　　我在執行市中心的調查與計畫前，都會思考有沒有什麼線索可尋，從不同距離觀察計畫的標的物與周遭環境，至少可以找出「這個區域的顏色」具有什麼特性。漸漸我也認知到所謂的特性，可能是擬定方針時的一個線索。

　　以特性為線索，完全是奠基於「要如何建構和諧的色彩」這個觀點之上（但和諧不等於同步），也讓我盡可能避免突兀感，同時讓顏色發揮與時間抗衡的力量（見秘訣 98、99）。

歸
納
條
件
、
找
出
選
擇
的
根
據

這裡歸納了某個集合住宅面臨的問題（限制）與外裝色彩計畫的方針：

配合住宅各棟的規模
與設計進行分區，強
化外觀的特徵

考慮耐時間變化的配
色，塑造能維持長時
間美麗的景觀

刷新別具特色的入口
周圍，塑造更有魅力
的居住環境

善用配置的特色進行
各棟配色，適度強化
每棟的識別度

善用既有的設計進行
配色，讓集合住宅的
資源重生、價值提升

Before

After

入口周遭的設計非常有特色，顏色卻和外牆相同，導致辨識度很低，老化褪色的
情況也很明顯。於是我們讓濃淡對比更明確，除了彰顯入口處，也尋找不會突顯
髒汙或褪色的配色。

Color planning, 2018

如
何
執
行
色
彩
計
畫
？

描述選擇這個顏色的理由

選色的時候，我們會把重點放在選擇的根據是否明確，尤其是關於塗裝：

1. 能不能禁得起時間的考驗？
2. 有沒有辦法解決現在的問題（褪色或髒汙等）？
3. 在周遭環境中能不能和諧融入，或者能不能透過適度的對比做出嶄新的感覺？
4. 新加入的塗裝能不能和非塗裝、或顏色已決定處，準確地形成色彩的和諧或對比？

我歸納出以上可以遵循的「條件」。這些條件每次看起來都差不多，有類似的輪廓或結構，卻都不盡相同，重視的條件不同，選色的方式也會改變。不能只是抽出並羅列條件就好，歸納的過程也不可或缺。舉例來說，要是只注意「避免褪色與髒汙」的條件，就會只想用單純且一時性的方式「應付」過去而已，變成「只要使用讓髒汙不明顯的顏色就好」。在歸納錯綜複雜的條件後，也許會做出「分區時要考量褪色與髒汙的問題，同時配合外觀的變化，讓印象上不會太乏味」的考慮，這樣才會找到更適當且準確的選擇根據。

努力「尋覓」，才能找到選擇的根據，即便一開始只是「強詞奪理」，透過說服力讓相關人士都心服口服，這個根據就不會被撼動。選擇的根據未必是絕對的數值標準或量化評價，將條件歸納好，並說明「這個顏色最適合塑造這種環境」，這才是我們工作的基本功。

藍色與街道

　　東京青山的西式點心店外觀，用的是鮮豔明亮的藍色磁磚，獨樹一格。將這種材料的顏色轉換成數值，是我在理解其他建材與周邊關係時不可或缺的工作，但我也時常覺得這樣做太沒情調了。尤其磁磚的質感、形狀、組合、縫隙的影子……眾多因素渾然一體，才形成了磁磚這麼特殊的氣質，很難只擷取「顏色」就進行判斷或評價，這樣做也沒什麼意義。

　　另一方面，假如你非常想或必須使用外裝建材少見的顏色，如冷色系或鮮豔的顏色，那麼為材料「上色」也可能是一種方法。塗裝是製作一層「色膜」，而這種方法是選擇原本就有顏色的材料，用具有量感的顏色塑造出鮮豔又特別的外觀。選擇有色的材料，應該可以製造出多變的個性和視覺效果的變化，這是均勻的塗裝很難做到的。

Minamiaoyama, Minato Ward, Tokyo, 2010

本章會依照我平常執行的色彩計畫列出「作業流程」，
並舉出每個階段中特別重要的事項與具體事例。

這些流程僅供參考，並不是說計畫都非得按部就班不可，
不過我認為注意整體的作業流程，並加強各流程間的連
結，就能找到「色彩計畫」的意義和效果。

IX

色彩計畫的程序

色彩計畫的操作方式

1）乾正雄《建築的色彩設計》（鹿島出版會，一九七六年）
2）加藤幸枝《色彩的手帳：50個提醒》（自費出版，二〇一六年）

如何執行色彩計畫？

把程序 SOP 化

印象中在一九九三年左右，我剛進入公司，當時閱讀了《建築的色彩設計》（乾正雄著，鹿島出版會，一九七六年）。本書前言寫到：「年輕的建築學生常常會對色彩這個領域感興趣，但是（中略）大學的建築科系中幾乎沒有專家，結果就是建築色彩的書也付之闕如。」這本書出版超過四十年了，建築領域的色彩相關出版物依然是壓倒性的少數，情況並沒有多大的變化。

《建築的色彩設計》中某些內容用到很精確的數據，經過時代的變化，建築和空間設計更多樣，建材也改變了，參照來看，有一些地方會感覺不太合時宜。

不過扣除這些不合時宜的內容，這本書至今依然很有參考價值。最重要的是，書中從一開始就提倡將色彩量化的必要性，並以數據說明色彩的效果和和諧性，這個部分我很看重。書中後半又非常詳盡地介紹「色彩設計的步驟」，具體說明從完整的顏色系統中選色與整理的方法論。

我參考這個步驟，再加入了自己的一些調整，逐步建立了現在的方法論（見秘訣 94）。

色彩計畫的作業流程就像是烹飪中的食譜，我現在依然走在實踐的路上，不斷從錯誤中學習調整。我建構的作業流程只是一個基礎，不可能所有情況都一體適用，所以從事色彩計畫相關工作的人，只要思考適合當代的方法是什麼就好了。

色彩計畫的作業流程

1 確認委託方計畫
　・確認並分析地方政府的條例或地區建設方針（見秘訣 95）
　・確認專案的願景與建築的基本計畫

2 計畫地周圍的色彩調查
　・進行外牆色的色彩調查，掌握計畫地周邊的色彩環境
　・搜尋當地是否存在獨有的設計或材料
　・如果是郊外型的標的物，周遭的自然環境也是色彩調查的對象

3 抓出設計意象
　・從標的物的概念與色彩調查的資料中，抓出意象關鍵字或色彩意象
　・抓出設計上可用的靈感創意或素材

4 建構色彩方針
　・充分思考標的物理念與建築設計的關係性，明確提出專案整體的
　　設計方針

5 透過彩色立面圖構思配色設計（見秘訣 96）
　・依據建築的型態檢視設計內容，如分色位置、替換材料等等

6 選擇實施計畫案、製作實施計畫書
　・思考如何運用材料的質感和形狀進行設計，並更詳細考量
　　是否需要做出亮點等等

景觀計畫規範下的提案申請（如果是地方政府規範的設計案）（見秘訣 95）

7 根據樣品實物進行色彩的檢討（見秘訣 97、98）
　・除了外裝建材，還要湊齊所有使用的建材，包括門窗框和扶手
　　等金屬類，調整整體搭配
　・塗裝、屋簷、排水管等戶外管線與機械也需要配合磁磚做調整
　　等金屬類，調整整體搭配

8 控管執行階段的設計
　・工程中如果要換樣式或廠商，甚至經費上發生了問題，都
　　要妥善處理

9 竣工後的檢核
　・除了設計者，最好也讓計畫負責人一起檢核色彩設計是否
　　按照計畫案執行

建立選色與決策的機制

　　左頁的色彩計畫作業流程，是用來與眾多相關人士分享色彩計畫的方法論，這個理論也是我長期仰賴的工具。只要多跑幾次就能學會這套方法，不過我還是常常會自行調整，比如重新檢視內容以免有不合時宜的問題，或者在每個項目中區分輕重緩急。我的目的只是要確保「在決策前，所有共事的人知道的都是同一套流程」，因此這個色彩計畫的作業流程僅供參考。

　　在進行色彩計畫時，不要馬上把標的物放在眼前，沒頭沒腦就開始選色、研擬計畫，先決定大方向之後，建構配色設計和色彩系統才是最重要的。「決定大方向」屬於左頁 1 與 2 的調查和分析，即便是想製造標的物在周遭環境中的差異性，依然要先掌握現況，才能決定大方向。

　　在色彩計畫中，流程 5「配色設計的構思」特別重要，所謂的配色設計或色彩系統，就是要先把規模、形狀、設計與材質抽象化換算成色票。這個步驟也算是在進行具體的設計之前，先選擇要使用的色群、做出如何的對比與變化，也等於是在選擇「計畫中（色彩的共通）語言」。先透過配色設計建立整體的架構，比如說各個顏色的連結與距離感，這樣會更容易掌握色彩的和諧感，接著再參考數值，這樣就可以知道對比程度和周遭環境的視覺效果是什麼。

　　我認為色彩計畫的作業流程，是在建立選色與決策的機制。

景觀計畫的事前協議與申辦

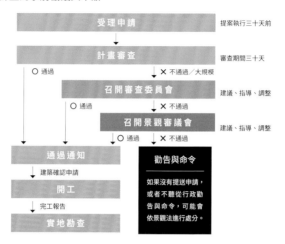

景觀計畫規範下的提案申請一例（甲州市）
提出申請前，通常會進行事前諮詢與協議。

良好的色彩景觀設計概念圖

✕ 商店外觀讓人難以理解商品或服務內容是什麼

○ 沉著的基調色和門簾的效果，讓人感覺這是很有情調的街景

許多地方政府會透過指南或手冊，呈現數值很難表現的「良好景觀設計」意象，提供給設計師使用（甲州市《色彩景觀設計手冊》（筆者等人受託製作）中的例子）。

正面看待促進良好景觀的法令

　　執行色彩計畫時，首要重點是確認並掌握地方的條例或景觀計畫。日本二〇〇四年實施的景觀法已經普及到全國，《景觀法》也是行政機關擬定景觀相關計畫與條例時要依循的法律。我因為工作的關係，有很多機會看到全國各地的景觀計畫，也親身體會到各個地方透過各式各樣的巧思，摸索出怎麼呈現數值難以說明的「良好的街景」。

　　而另一方面，行政程序這個面向重視的是「是否符合色彩標準」，有不少地方政府不會觀察現地、並評估計畫對實際環境或景觀的影響，從頭到尾只靠辦公桌上的文件作為一切判斷的依據。實際上，我也有聽到一些業者與設計者表示，政府機關的負責人給的建議與指導抽象得難以理解，或者就連數值標準都讓人難以接受。

　　就現階段來說，景觀法的普及已經讓「嚴重妨礙原有環境，多數人覺得突兀、顯眼高調的外裝色」更少見，這點值得肯定。多數情況只要面積在一定數字以下，就可以使用標準以外的顏色，而且理由如果明確，也有某些案例（見秘訣 74），在諮詢景觀審議會、聽取專家意見後，獲准使用非標準色。

　　業者或設計者在事前協議與提案申請時，必須理解景觀計畫與促進標準的用意，積極展現自己的設計能促進當地的景觀品質。同時也需要對行政機關負責人說明「數值只是參考」，不斷溝通色彩會帶來「良好的關係性」。以此我們都必須對數值有正確的理解。

訂定好球帶

集合住宅外牆整修的顏色系統一例

主要的區塊	5YR	10YR	5Y
・門窗框面牆壁 ・山牆 ・樓梯扶手牆	日塗工 15-75A (5YR 7.5／0.5)	日塗工 19-75A (10YR 7.5／0.5)	日塗工 25-75A (5Y 7.5／0.5)
・扶手牆 ・山牆裝飾一	日塗工 15-50B (5YR 5.0／1.0)	日塗工 19-50B (10YR 5.0／1.0)	日塗工 25-50B (5Y 5.0／1.0)
・基座部	日塗工 15-40D (5YR 4.0／2.0)	日塗工 19-40D (10YR 4.0／2.0)	日塗工 25-40D (5Y 4.0／2.0)
・樓梯中牆	(5YR 6.0／4.0)	日塗工 19-60H (10YR 6.0／4.0)	(5Y 6.0／4.0)
・入口門廳屋簷 ・山牆裝飾二	日塗工 15-40B (5YR 4.0／1.0)	日塗工 19-40B (10YR 4.0／1.0)	日塗工 25-40B (5Y 4.0／1.0)
・美觀型直料（mullion） ・屋簷 ・玄關門 ・防掉落屋簷	日塗工 15-30B (5YR 3.0／1.0)	日塗工 19-30B (10YR 3.0／1.0)	日塗工 25-30B (5Y 3.0／1.0)
・入口牆一	日塗工 19-30A (10YR 3.0／0.5)	OR	日塗工 N30 (N3.0)
・入口牆二	日塗工 N80 (N8.0)	OR 好球帶	日塗工 N85 (N8.5)
・玄關門框屋頂		日塗工 19-30A (10YR 3.0／0.5)	
・玄關門內側		日塗工 19-85A (10YR 8.5/／0.5)	

上述的計畫中，我們一直很猶豫入口牆一要用無彩色還是暖灰，可是在紙上討論的階段都沒辦法決定方針。於是在討論階段中，我們先達成「明度 3 左右的濃色」這個共識，決定等做了兩種樣品出來才進行最後的判斷。

如何執行色彩計畫？

設定容許誤差的區間，才能發揮材料的特性

　　我常常覺得所謂的色彩計畫，就是要決定並抓出用色範圍的好球帶。

　　這裡的好球帶有兩個意思：一個是針對標的物色相、明度和彩度的上下限，設定明確的區間；另一個是「容許一定誤差的區間（見秘訣 97）」。

　　有了周遭環境的調查結果，也對標的物的規模和特徵做出細緻的分析後，就能在秘訣 94 中的階段 5 至 6 決定使用色範圍，不過這個範圍是區間值，只是參考整體的關係做出的判斷，我們幾乎不會從一開始就鎖定一個顏色，堅持某個顏色。

　　而且某些建材可能無法重現預期中的指定色，或者由於材料的特性（光澤感、凹凸感等等），造成指定色與實際成品產生出入。我覺得有趣的是，常常在看過幾個我們給了很詳細的指令而完成的樣品後，發現另外那些稍微「出格」或「不精準」的樣品，比如說色彩很不均勻或偏暗了一些，這種樣品反而超乎預期讓人感受到材料本身的質地。

　　建築家內藤廣先生在某次的演講中說「不是我在控制材料，而是材料在控制我」，要順從材料的特性，不要反其道而行，他的這番話讓我印象非常深刻。我會充分理解塗裝色的呈現方式，充分理解材料特性，並提醒自己要設定能夠發揮這個特性的「好球帶」。

選擇最大面積使用的基調色。
這個廠商的三色差異稍微大一點。

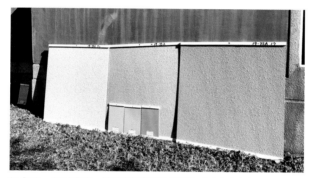

把「原色」列入候補後，選擇搭配這個顏色的鐵門，每個顏色準備全光澤與五分
光澤這兩種樣品。

這是秘訣 96 的顏色系統中，10YR 系的塗裝樣品。每個部份基本上都選原色，低
明度的部份選擇濃色，讓它與中高明度色的對比更明確。

Color sample examination, 2019

準備指定色原色、淡原色與濃原色

　　針對塗裝這些外裝基調色的樣品製作，我最近是以下列的方式下單。

　　假如是外裝常用的噴漆塗裝：

・邊長約 600 至 900mm 的正方形。

・指定色、淡原色與濃原色共三色。

　　假如是玄關門與扶手等鐵材塗裝：

・約 A4 大小。

・指定色與濃原色共二色。

　　講濃和淡時我並不會指定數值，這是很難數值化的灰色地帶。我以前確實會指定說「濃 30% 左右」，可是某些色用這種講法可能做不出差異，或者相反地差異過大，沒辦法拿到適合比色用的對照組樣品。好險最近只要告訴廠商我要「指定色、淡原色與濃原色」，就能拿到濃淡程度恰到好處的樣品，因此我都會先嘗試這樣下訂。

　　鐵材塗裝的樣本可以小一點，這是考量實際面積比而做出的判斷。而不指定淡原色是因為就過往的經驗來說，鐵材是平面沒有陰影，要是面積太大很容易會看（感覺）起來偏亮。

　　最後要實地檢驗「數個色彩或材料搭配的視覺效果」，無論是靠理論推斷數值，或以彩色立面圖討論，依然是在紙上談兵，在討論最終使用色的時候還是需要有誤差的「區間」，才能看出最後要怎麼「微調」。

實地比較顏色樣品和選色的注意事項

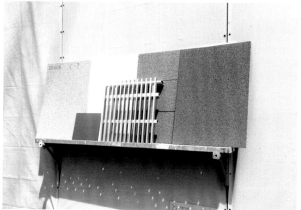

Color sample examination, 2017

如何執行色彩計畫？

先在陰影處透過散射光看色

撇開大規模土木建物這種視點場域有限的情況，大多的建築或工作物都可以從各式各樣的角度眺望，日本的集合住宅常常會把臥房、廚房或客廳安置在南側，不少中高樓層住宅的北側外廊下、樓梯間會感覺偏暗。從各種角度審視設計，會發現不同地方某種程度都有相同的視覺效果問題……色彩計畫可以用來處理這些問題，改善並解決「色彩的視覺效果」。

如前一個秘訣所說，我委託塗料廠商製作塗裝色樣品的時候，會先確認樣品能否完美呈現指定色（原色），接著確認淡原色和濃原色能表現到什麼程度。接下來，從面積最大的部份選出候補色，比較它和其他顏色搭配起來的對比效果再做決定，這個時候我通常會先在陰影下以散射光看色。觀察顏色（的對比）未必需要很好的條件，而且假設完工後你在意的是北側的視覺效果，或者如果你已經充分考量過條件不佳的情況，如此一來，條件良好（南側、順光）情況下的視覺效果大致也不會有問題（順光時的視覺效果當然也會檢驗）。

在長年反覆討論選色的過程中，我開始覺得「如何減少突兀感」可能是選色上最重要的任務。比起在特定的最佳條件下才能「十全十美」的某色或某種色彩組合，我會從各種角度觀察，以「任何情況都不致突兀的顏色或色彩組合」為優先。

不靠單色判斷，透過比色觀察關係

Color sample examination, Jakarta, INDONESIA, 2018

如何執行色彩計畫？

不是選色，而是選「整體表現」

　　如果要採取周遭的各種意見，或是想得到更多人的肯定，就會很容易往中庸的選擇靠攏，這也是我常常提醒自己的一點。但在色彩計畫中，當我把「堅持追求脫穎而出的個體」與「拿捏比重，製造和諧感」放在天秤的兩端時，如果兩邊同樣讓我苦惱，我會選擇後者，我也漸漸開始希望能在更廣的範圍、更長遠的時間裡，走一條「讓顏色有生命的路」。如前所述，我會參考指定色、淡原色和濃原色的樣品，透過順光、陰影等不同光線多番考慮選出決定色。比起個別選色，最終我會提醒自己要選「顏色（和材料）互相搭配所產生的整體印象與效果」。

　　也就是說我為了判斷互相搭配的效果是好是壞，才參考指定色和不同濃淡的樣品。有了對照組才能設定判斷的標準，才能找出判斷的依據。我沒辦法解釋得很清楚，可是我隱約覺得這樣的判斷比較好，也許是因為這樣的判斷背後，隱藏著「顏色形成和諧感的因素」。我遵從老師的教誨，知道在某個程度範圍內應該要以理服人，也提醒自己在考慮或選擇的時候要有憑有據，至少能在「比較色彩表現、說明色與色之間的關係」時，避免做出那種自己無從說明、無法解釋的選擇。

計畫你的色彩

如何執行色彩計畫？

Kitayoshima, Iwaki City, Fukushima Prefecture, 2018

正面看待一切變化

在長年從事色彩計畫累積的經驗中，某種程度上已知的效果與可預期的成果，我都已體會或感受到，不過我還是常常覺得「早知道對比就做更強烈一點」，或者看到其他案例而覺得「啊，我真想嘗試那種顏色（與配色）」。

我認為顏色，尤其塗裝的優點可能是它的不持久。我特別常經手的，是每十五至二十年就有機會重新塗裝的整修，我們都會認為這是個大好機會，因為整修時不但可以改變標的物，更能改變周遭的環境。

小規模的建築或內裝應該也是一樣的情況吧，人心（心理）是善變的，不同的年紀與經驗會形成不一樣的感受力，嗜好改變的情況也不少。有些人會因為當下的情況甚至心情，希望內裝每季都有所變化。在積極選色的時候，稍微不拘小節一點似乎也無妨。

不過外裝色彩存在於許多人會看到的公共空間，外觀與周圍各種人事物的關係會決定其視覺效果，無法隨心所欲，因此本書從頭到尾都以「秘訣」這種形式來說明可以怎麼做。很歡迎各位透過本書的秘訣，或者搭配幾個秘訣，計畫你自己的色彩。

顏色改變，眼前的世界無疑也會改變，我希望以後能繼續創造這種讓人能樂於改變視覺效果、改變環境的案例。

後記

　　看完一百個秘訣之後，你有什麼想法呢？如果你因此想試著配色，或者想出門尋找顏色，我會非常開心。

　　從學生時代的打工算起，我從事色彩相關的工作已經三十年左右了，在〈前言〉中我也說過，經歷過各種職場，我漸漸覺得重要的不是我自己選色、定色，而是把選色的思路、依據以及這樣選色會有什麼效果和影響，（適度地）讓相關人士都知道。為什麼是這個顏色？為什麼非這個顏色不可？顏色不會獨自存在，我最近發現只要注意到「顏色與背景的關係決定視覺效果」這件事，你看到的就不只是標的物色的評價與印象，更會看到「顏色與顏色之間的化學變化」。

　　標的物有時候是很棘手的東西，用戀愛對象來比喻的話，可以想像成你在全心投入的時候，會沒日沒夜一心想著對方。可是你會發現雙方的關係之中，有距離感、遠近的張力、對話的密度等等的因素存在，就是因為這些看不見的空間與時間不斷累積交融，才形成了人與人之間的關係。

　　顏色終究有搭不搭的差別，因此當然不是說只要你能看透這些關係性，一切就能無往不利，但是我想要仔細、耐心、不屈不撓地觀察「兩物（色與色、人與人、

人與物等等）之間的化學變化」，持續關注兩者之間發生的現象，或兩者之間如何互相影響（唉呀，這樣的比喻好理解嗎⋯⋯）。在撰寫本書的時期，儘管每天的工作把我壓得喘不過氣來，還是有許多親朋好友鼓勵我，助我一臂之力。我想藉由這個機會，誠心對所有幫助我的人表達謝意，EAU 的田邊裕之先生告訴我出版社的出版計畫，學藝出版社的責編神谷彬大先生從本書的企畫階段就非常熱心給予建議，讓排序和頁與頁之間的連結都有了深度與厚度。如果沒有他們鼎力相助，我也不可能寫完這本書，真的很謝謝你們。除此之外，把各式各樣的文字、照片與圖畫設計得一目了然又美麗的設計師伊藤祐基先生，這本書應該是他第一部書籍設計作品，《色彩手帳》成為他的出道作，我也與有榮焉。

從談出書計畫至今已經過了大約兩年，能夠透過這個方式，把我的經驗和體驗以一百個秘訣的形式分享給更多的人，我真心感謝，也非常開心。比起學術上的正確性，我在遣詞用字上更重視溝通的效果，也因此有很多秘訣我都重新改寫了好幾次。

同時我認為每個讀者有不同的經驗與知識，自然可能會有不同的解釋與評價，我希望以後可以透過本書與

更多人的更多種詮釋進行交流。色彩和配色會造成什麼
效果與影響？又會創造出什麼樣有魅力的街景？我們就
一起思考，一起實踐吧。

二〇一九年八月 吉日
色彩計畫師 加藤幸枝

參考──測色結果統整

這裡依顏色系統整理了本書使用到的曼塞爾色彩系統。
每頁的左上到右下，是明度彩度由高往低排序（不包括玻璃與微小面積填縫劑的表觀色）。

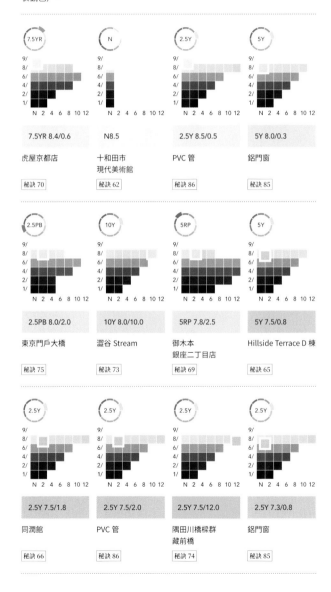

7.5YR 8.4/0.6
虎屋京都店
秘訣 70

N8.5
十和田市
現代美術館
秘訣 62

2.5Y 8.5/0.5
PVC 管
秘訣 86

5Y 8.0/0.3
鋁門窗
秘訣 85

2.5PB 8.0/2.0
東京門戶大橋
秘訣 75

10Y 8.0/10.0
澀谷 Stream
秘訣 73

5RP 7.8/2.5
御木本
銀座二丁目店
秘訣 69

5Y 7.5/0.8
Hillside Terrace D 棟
秘訣 65

2.5Y 7.5/1.8
同潤館
秘訣 66

2.5Y 7.5/2.0
PVC 管
秘訣 86

2.5Y 7.5/12.0
隅田川橋樑群
藏前橋
秘訣 74

2.5Y 7.3/0.8
鋁門窗
秘訣 85

這樣的比較對於以下幾件事有所幫助：一是找到近似、類似色。二是研究用途、規模、用地環境的差異，造成同系色有何不同的視覺效果。三是研究同明度色的不同彩度、同彩度色的不同明度造成什麼視覺效果。

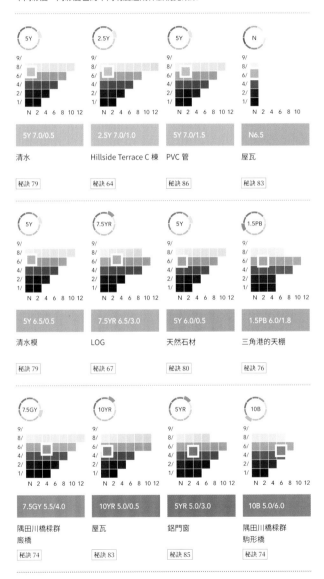

這些例子當然不能與門窗框這類金屬線材，或大規模的建築物混為一談，我只是想單純「擷取顏色這個要素」進行比較，希望能進一步發現這個顏色的特性、影響與效果。

7.5YR 5.0/2.0	7.5YR 5.0/4.0	2.5YR 5.0/10.0	5GY 4.0/1.5
PVC 管	木材	伏見稻荷大社	Heritance Kandalama
秘訣 86	秘訣 82	秘訣 78	秘訣 72

1YR 4.0/5.0	5R 4.0/12.0	5BG 3.5/1.0	7.5Y 3.5/1.0
馬車道車站	隅田川橋樑群 吾妻橋	虎屋工房	屋瓦
秘訣 68	秘訣 74	秘訣 71	秘訣 83

10R 3.5/4.0	2.5YR 3.0/3.0	5G 2.5/0.3	N1.2
東京都美術館	屋瓦	出島表門橋	鋁門窗
秘訣 63	秘訣 83	秘訣 77	秘訣 85

參考——從測色結果可讀取的資料

我把 Part2 VI「可當基準的建築色彩與數值」與 VII「可供參考的材料與數值」中用到的曼塞爾色彩系統整理成下列的圖表「曼塞爾色度圖」（也可參考秘訣46）。建築物或工作物來自各式各樣的地區，這裡讀取出的結果不能在所有計畫與討論中一體適用，不過透過這個方式並列比色，就會發現各種用途與領域使用的色域具有一些特徵。

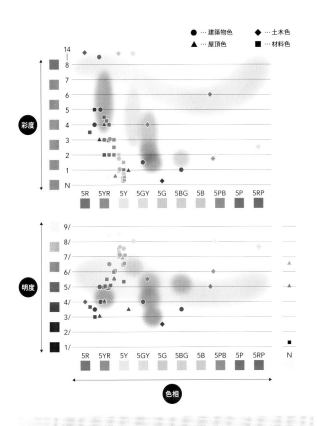

小結

1. 建築物色（●）與材料色（■）很接近，集中在 YR－Y 系的暖色系低彩度色（約為彩度 5 以下，Y 系的低彩度則是 2 以下）。

2. 建築物色（●）的彩度略低於材料色（■）。

3. 土木色（◆）的色相和彩度比建築物色（●）的分布更廣泛。

＊ 測色時如果測的是建築物的材料（木材等），在圖表中一樣標記為材料色（■）。

撮影
01…小島剛（Tokyu Land Asia）
25,60…鈴木一郎（+tic）
39…片岡照博（株式会社コトナ）
81（右下）…圖像提供：富岡市
100…松崎直人

※ 以上申明以外之攝影皆為作者拍攝

色彩計畫協力
100…株式会社山設計工房（設計・監修）

作品制作協力
60…鈴木陽一郎・鈴木知悠（+tic）
磯部雄一（Dear Native Co.,Ltd。）

参考文献
建築と色彩、設計の方法や論考
・乾正雄《建築の色彩設計》
（鹿島出版会、1976 年）
・菊地宏《バッソコンティヌオ 空間を支配する旋律》
（LIXIL 出版、2013 年）
・長谷川章他《色彩建築モダニズムとフォークロア》
（INAX 出版、1996 年）

色彩論の基礎や配色について
・アルバート・H・マンセル著、日高杏子譯《色彩の表記》
（みすず書房、2009 年）
・ヨハネス・イッテン著、大智浩譯《色彩論》
（美術出版社、1971 年）
・ジョセフ・アルバース著、永原康史監譯、和田美樹譯
《配色の設計 色の知覚と相互作用》
（ビー・エヌ・エヌ新社、2016 年）

色の歴史や文化に触れる
・布施英利《色彩がわかれば絵画がわかる》
（光文社、2013 年）
・フランソワ・ドラマール、ベルナール・ギノー著、柏木博監修
《色彩一色材の文化史》
（創元社、2007 年）

色 彩

給都市設計師、
生活美學家的
100 個色彩秘訣

手 帳

作　　　者	加藤幸枝
圖表製作	伊藤祐基
譯　　　者	朱顯正、賴庭筠、陳幼雯

總 編 輯	周易正
主　　　編	胡佳君
責任編輯	徐林均
編輯協力	郭正偉、洪與成
行銷企劃	陳姿妏、李珮甄
美術設計	LILIANGDA
印　　　刷	崎威彩印

定　　　價	450 元
Ｉ Ｓ Ｂ Ｎ	978-986-06531-7-5
版　　　次	2021 年 10 月　初版一刷
版權所有	翻印必究

出　　　版	行人文化實驗室／行人股份有限公司
發 行 人	廖美立
地　　　址	10074 臺北市中正區南昌路一段 49 號 2 樓
電　　　話	+886-2-3765-2655
傳　　　真	+886-2-3765-2660

總 經 銷	大和書報圖書股份有限公司
電　　　話	+886-2-8990-2588

行行色色委員會祝福您，找到人生標準色。

Sikisai No Techou Kenchiku・Toshi No Iro Wo Kangaeru 100 No Hinto
Copyright © 2019 by Yukie Kato
Originally published in Japan in 2019 by Gakugei Shuppansha, Kyoto
Complex Chinese translation rights arranged with Gakugei Shuppansha,
through jia-xi books co., ltd.,Taiwan,R.O.C.
Complex Chinese Translation copyright (c) 2021 by Flaneur Co., Ltd.

色彩手帳：給都市設計師、生活美學家的 100 個色彩秘訣／
加藤幸枝著；朱顯正，賴庭筠，陳幼雯譯 . -- 初版 . -- 臺北市：
行人文化實驗室 , 2021.10　240 面 ; 14.8×21 公分
譯自 : 色彩の手帳 : 建築・都市の色を考える 100 のヒント
ISBN 978-986-06531-7-5(平裝)

1. 都市美化 2. 生活美學 3. 色彩學 4. 日本

445.1　　　　　　　　　　　　　　110015760